갈라파고스에서 들려주는
진화생물학 이야기

Field notes on the Galápagos Islands

갈라파고스에서 들려주는

진화생물학 이야기

Field notes on
the Galápagos Islands

글_ 안현수, 정지훈, 김주희
사진_ **Ellis I. Lee**
기획·감수_ **Steve K. Cho**

GIST PRESS
광주과학기술원

발간사

"지스트 학생들이 이루어낸 작지만 야심찬 성과를 격려합니다."

　지스트 GIST 대학은 2010년 개설 이래로, 리버럴 아츠 앤드 사이언스 Liberal Arts and Sciences 칼리지 형태의 대학교육 모델을 운영하며, 폭넓은 인성 함양 및 과학기술 다양성 강화를 위한 혁신적인 교육을 통해 과학기술이 중심 되는 미래 사회를 위한 선도적 역할을 담당하고 있습니다.

　이를 위해 지스트 학사과정은 학생들이 국제화 캠퍼스를 통해 글로벌 사회 가치를 배우고 과학기술 융합 교육을 통한 창의적 과학교육을 받을 수 있도록 다양한 글로벌 프로그램을 제공하고 있습니다.

　그중 하나인 '진화생물학 및 필드트립' 프로그램은 과학의 한 가지 기본 개념인 '진화'에 대해 학생들이 강의실에서 이론을 배우는 것을 넘어, 찰스 다윈 Charles Darwin과 알프레드 월리스 Alfred R. Wallace가 자연선택에 의한 진화생물학의 이론을 정립한 중요한 역사적 장소이자 생물지리학적으로 독특한 인도네시아, 뉴질랜드 또는 에콰도르를 직접 찾아가 탐사하는 과정을 포함했습니다.

　'진화생물학 및 필드트립' 프로그램의 첫해인 2011년과 2013년에는 알프레드 월리스가 발견한 인도네시아의 '월리스 선 Wallace Line'을 탐사하였으며, 2015년에는 과거의 초대륙 곤드와나에 붙어 있었지만 2억 년 전에 분리된 호주와 뉴질랜드의 독특한 지질, 생태계 차이를 알아보기 위해 뉴질랜드의 남섬을 탐사하였습니다.

　이 책은 지난 2018년 겨울에 열린 '진화생물학 및 필드트립' 프로그램의 일환으로, 칼텍에서 진행된 글로벌 강의에 참여한 지스트 대학생들의 강의 노트와 이어진 갈라파고스 제도 탐사 노트를 보완하고 재구성한 작은 결과물입니다.

　융합 과학으로서의 진화생물연구 및 생태보전연구가 국제적인 협력으로 이루어지고 있는 갈라파고스 제도를 탐사하면서 공부하며 생각하고 느낀 점들을 담고 있습니다.

이 글을 끝내기 전에, 에콰도르 공화국과 관련한 지스트와의 오래된 인연을 소개합니다. 개원 초부터, 융합기술 교육과 국제화 캠퍼스를 두 축으로 특성화시킨 지스트는 에콰도르 국립공과대학과 교육과 연구 교류에 관한 상호협약각서를 체결하였습니다. 이를 위해 후에 에콰도르 참모총장을 역임한 텔모 산도발 Thelmo Sandoval, 당시 에콰도르 국립공과대학 이사장과 후에 외무장관 역임 후 현재도 열정적인 정치활동을 하는 파트리시오 수킬란다 Patricio Zuquilanda, 당시 주한 에콰도르 대사 등이 1999년 본원을 방문하고 한국과 남미의 가교 역할을 다짐하였고, 지스트의 총장단이 에콰도르와 갈라파고스를 교차 방문한 바 있습니다.

미래 과학기술의 신가치를 추구하는 지스트 대학생들이 이루어낸 작지만 야심찬 성과를 격려하며, 이 책이 과학사에서 중요한 갈라파고스 제도나 현대 과학 및 생명과학의 초석인 진화생물학에 대해 알고 싶어 하는 학생들, 특히 지스트에 와서 공부하고 싶어 하는 예비 과학도들의 갈증을 조금이나마 풀어줄 수 있기를 기대합니다.

2020년 1월

총장 **김기선**

추천사

The Embassy of Ecuador in Korea expresses its warmest regards to Ecuadorian and GIST College students who had the opportunity to conduct an investigation in the Galápagos Islands.

This National Park is an archipelago of volcanic islands distributed on either side of the equator in the Pacific Ocean surrounding the centre of the Western Hemisphere, 906km west of continental Ecuador. The islands are known for their large number of endemic species. The islands were studied by Charles Darwin during the second voyage of HMS Beagle. His observations and collections contributed to the inception of Darwin's theory of evolution by means of natural selection.

주한 에콰도르 (전)대사 **Oscar Herrera Gilbert**

『갈라파고스에서 들려주는 진화생물학 이야기』의 출판을 축하하며,

지스트 GIST에 지스트대학이란 이름으로 학사과정이 시작된 후 벌써 10번째 학생들이 입학하게 되었습니다. 지스트대학은 설립 초기부터 3C1P Creativity, Cooperation, Communication, Problem Solving 교육 철학을 바탕으로 기존의 강의실 교육에서 벗어난 토론식 강의, 프로젝트 기반 학습, 창의력의 원천인 인문사회 교육, 예체능 교육, MOOC 콘텐츠 제작, 마음껏 딴짓을 할 수 있는 무한도전 프로젝트 등 새로운 교육 혁신 프로그램들을 지속적으로 개발해왔습니다.

특히 학생들로 하여금 세계 최고 수준의 강의를 직접 경험할 수 있게 하기 위하여 지스트와 칼텍 Caltech과의 교류 프로그램을 시작하였으며, 그 일환으로 2011년

에 칼텍의 랍 필립스 Rob Phillips 교수를 초청하여 계절학기 단기 집중강좌로 '세포물리생물학' 강의를 개설하게 되었습니다. 이 경험을 바탕으로 2013년부터 '진화생물학 및 실험' 강의를 추가로 개설하였는데, 이 강의는 강의와 실험과 필드트립이 결합되어 있으며, 학생들이 수업에서 배운 내용을 실험해보고 더 나아가 책에서 배운 이론들이 현실 세계에서 어떻게 도출되고 실제로 적용되어 나타나는지를 직접 보고 체험할 수 있도록 구성되어 있어 지스트대학의 철학을 반영하는 대표적인 교육 모델의 하나라고 자평합니다.

우리 학생들은 그동안 2013년, 2014년의 인도네시아 필드트립, 2016년의 뉴질랜드 필드트립을 다녀온 결과를 정리하여 책으로 발간하였으며, 2018년 1월에 갈라파고스 제도를 직접 찾아가서 관찰한 결과를 정리하여 이 책을 완성하였습니다.

찰스 다윈 Charles Darwin은 1831년 22세의 젊은 나이에 비글 Beagle호를 타고 5년간에 걸친 세계 일주 항해를 하였고 그동안 갈라파고스 제도를 비롯한 여러 섬들을 탐사하였다고 합니다. 귀국 후 1839년 비글호 항해기를 출판하였고 그 후 20년이 지나 1859년에 자연선택설을 주장한 『종의 기원』이라는 책을 발표하게 됩니다. 그가 제시한 진화론은 17세기 물리학에서 뉴턴역학과 더불어 서구 세계에서 사상의 혁신을 가져왔습니다.

다윈의 나이와 비슷한 또래인 우리 학생들이 180여 년 전 그가 동물의 지리적 변이를 관찰하였던 바로 그 갈라파고스 제도를 직접 찾아가 체험한 생생한 탐사 활동을 이 책을 통해 보실 수 있을 것입니다. 이 필드트립은 우리 학생들이 새로운 혁신을 가져올 미래 인재로 성장하는 데 아주 유익한 자양분이 될 것으로 확신합니다.

그동안 이 프로그램이 성공적으로 진행되었던 데에는 많은 분의 숨은 노력이 있었기 때문입니다. 우선 당시 대학장으로 처음 이 프로그램을 구상하셨던 이관행 교수님, 프로그램을 직접 운영하였던 조경래 교수님, 유운종 교수님, Ellis I.Lee 선생님, 묵묵히 지원을 아끼지 않았던 학사지원팀 담당자 여러분을 비롯한 학교 측에 감사드리며 마지막으로 이 책을 완성한 지스트대학 학생들께 찬사를 보냅니다.

2020년 1월

지스트대학장 **고도경**

프로그램 코디네이터에게서 온 노트 A Note from the Program Coordinator

'Evolutionary Biology with a Field Trip'이란 혁신적인 수업을 기획하고 진행할 수 있도록 그동안 도와주신 모든 분들과 수업 프로그램이 진화되는 과정에 같이 참여해준 지스트 대학생들, 특히 이 책의 출판을 위해 기획 단계부터 끝까지 동역을 해준 안현수, 정지훈, 김주희 그리고 Ellis I.Lee에게 가슴속 깊은 곳에서 우러나오는 감사의 말을 전합니다.

2011년, 글로벌 과학기술인재 육성 프로그램의 일환으로 시작된 칼텍과의 교류 및 교육프로그램이 진화하여, 알프레드 월리스 Alfred R. Wallace의 '월리스 선 Wallace Line'을 경험하게 하고, 남 알프스 Southern Alps를 거쳐서 찰스 다윈 Charles Darwin의 갈라파고스 제도 Galápagos Islands에서 완성되었습니다.

이 프로그램의 하이라이트였던 2018년 칼텍에서의 수업 내용과 갈라파고스 제도의 필드트립 내용을 모아 이 책을 만들게 되었습니다. 참여했던 학생 대표들이 직접 집필하고, 귀중한 사진 기록들을 함께 묶어 앞으로 비슷한 수업이나 프로그램을 개발하려는 분들과 과학 커뮤니티의 후배들을 위해 우리의 경험을 공유하고자 합니다. 이 과정에서 큰 도움을 주신 김기선 총장님과 이 책의 출간을 맡아 도움을 준 GIST PRESS에 깊은 감사의 말씀을 전합니다.

Steve K. Cho, Ph.D.

Often referred to as "the single best idea anyone has ever had," Charles Darwin's theory of evolution explains how the great diversity of all life on the earth evolves through a process of natural selection. This theory has become a pivotal foundation of modern biology and helps shape our understanding of the natural world. To formulate such a revolutionary idea, Darwin needed to experience the incredible diversity of earth's flora and fauna, which he did from 1831 to 1836 when he journeyed around the world as the naturalist aboard the HMS *Beagle*.

During the voyage of the HMS *Beagle*, the Galápagos Islands—an archipelago of volcanic oceanic islands located off the coast of Ecuador—would prove vital for Darwin in formulating his theory of evolution. As Darwin wrote in his journal: "The natural history of this archipelago is very remarkable: it seems to be a little world within itself; the greater number of its inhabitants, both vegetable and animal, being found nowhere else."

In the history of science, few discoveries are as closely interwoven with a specific location as the theory of evolution is with the Galápagos Islands (Galileo's experiments at the Leaning Tower of Pisa might be the next most well-known). And for many scientists, visiting the Galápagos Islands—to witness firsthand what inspired Darwin to create "the single best idea anyone has ever had"—would simply be the most amazing opportunity of a lifetime.

Yet, more amazingly, GIST College under the leadership of Dean Do-Kyeong Ko made a field expedition to the Galápagos Islands possible for students enrolled in Professor Steve K. Cho's GS4301 Evolutionary Biology course that was taught in conjunction with California Institute of Technology Professor Rob Phillips.

I often like to say: "At GIST, the world is our classroom!" And I cannot think of a better example of that than this trip to the Galápagos Islands. If every discovery begins with a journey, then this book is the result of the unique approach GIST College has taken in Korea to educate it students. It is a journey all Koreans should be proud of supporting.

Ellis I. Lee, J.D.

CONTENTS

시작하며

시작하며

왜 진화를 배워야 하는가

대도시에 가면 하늘을 뚫을 정도로 높은 빌딩과 그 사이에서 헤아릴 수 없이 많은 자동차가 신호를 기다리고 있다. 원시시대에 수렵과 채집 위주의 생활을 하던 인류가 과학기술을 쌓아 지금과 같은 현대문명을 건설할 수 있었다. 현대문명을 지탱하는 가장 튼튼한 뿌리는 과학이다. 과학에 관심이 있는 이라면 한번쯤 들어봤을 격언 하나를 소개한다.

> "내가 멀리까지 내다볼 수 있었던 것은 거인들의 어깨 위에 올라선 덕분이었다."

위 격언은 현대물리학의 아버지라 불리는 아이작 뉴턴 Isaac Newton 이 자신의 업적에 대해 남긴 어구이다. 여기서 거인의 어깨는 뉴턴보다 먼저 연구했던 과학자를 의미한다. 여기에서 뉴턴이 하고 싶은 말은 자신보다 먼저 연구했던 과학자가 있었기 때문에 그 위에 새로운 물리법칙을 발견할 수 있었다는 것이다. 격언의 의미를 거꾸로 뒤집어서 생각하면, 뉴턴 이전의 과학자가 없었더라면 뉴턴은 힘과 운동 법칙을 발견할 수 없었다고 해석할 수 있다. 뉴턴이 운동 법칙을 발견하지 못했더라면 지금과 같은 현대문명은 인류의 상상에만 존재했을 것이다. 결국 우리가 사는 이 시대는 호기심이 왕성하여 끊임없이 과학적 사실을 탐구하려는 이들로부터 시작했다.

이러한 이유에서인지 현대사회에서 과학은 매우 큰 권위를 가지고 있다. 우리는 과학이라는 단어를 떠올릴 때 이성과 합리성도 함께 떠올린다. 어떤 주장에 충분한 과학적 근거가 있다면 그 주장은 이성적이고 합리적이기 때문에 '옳다'고 인정한다. 현대인에게 과학은 판단의 기준이다.

그런데 이 과학의 권위를 악용하는 이들이 있다. 일부 사람들은 엄밀히 증명되지 않는 사실을 사실처럼 내세우며 과학의 권위를 악용해 사리사욕을 채우려고 한다. 누군가 과학의 권위를 훔쳐와서 우리를 속이려고 할 때, 기본적인 과학 지식을 알고 있다면 이 속임수에 말려들지 않을 수 있다. 올바른 과학적인 지식의 소통은 거짓된 정보로부터 나 자신을 지켜낼 수 있는 든든한 보호막이 된다. 따라서 우리는 이 보호막을 가져야 속임수에 빠지지 않고 제대로 된 판단을 할 수 있다.

과학의 여러 분야 중에서 한 분야를 골라 자웅을 가릴 수 없지만, 미래학자는 특히 생명과학이 중요한 주역이 될 것이라 예견한다. 현대 생명과학의 뿌리인 진화생물학을 이해하여 자신을 무장하는 것은 현명한 선택이다. 우리에게 진화생물학은 다윈의 진화론으로 친숙하다. 그렇다. 진화생물학은 다윈의 진화론에서 시작했다. 진화생물학자 테오도시우스 도브잔스키 Theodosius Dobzhansk는 진화를 부정하는 창조과학을 비판하기 위해 "진화를 통하지 않고서는 어떠한 생명현상도 설명할 수 없다 Nothing in Biology Makes Sense Except in the Light of Evolution"라는 이름의 에세이를 1973년에 출간하였다. 모든 생명현상은 진화로 설명할 수 있다는 것이 그의 논점이다. 또 세상에서 가장 권위 있는 과학 저널 중 하나인 사이언스 Science는 매년 과학의 여러 분야 중 가장 중요한 분야를 선정하는데, 2005년에는 진화 evolution를 골랐다. 더 논쟁의 여지없이 생명과학의 기본이 되는 분과이다.

그런데 진화생물학은 틀렸다고 주장하는 사람들이 있는 것처럼 과학적 사실이 항상 사실이라고 받아들여지는 것은 아니다. 갈릴레이 갈릴레오의 지동설처럼 다윈의 진화론도 처음에 발표됐을 때 큰 논란을 불러왔다. 다윈은 『종의 기원』에 지구상의 생물들이 살아가면서 환경에 적응하고 변해왔다는 생각을 담았다. 그런데 그 당시는 '신이 생물을 창조했고, 창조된 생물은 모습이 변하지 않았다'라는 생각이 퍼져 있었다. 이 생각에 빠진 자는 다윈의 진화론을 격하게 비난하고 조롱했다. 시간이 흘러 지금은 진화생물학을 겨냥한 비난이 많이 수그러들었지만, 여전히 남아 있다. 이 비난을 평생 듣거나 배워온 사람들은 진화가 거짓이라 믿을지도 모른다.

지동설을 펼쳤던 갈릴레이 갈릴레오를 생각해보자. 과학적 지식이 부족하던 과거에 우리의 선조는 지구가 우주의 중심이라 생각했다. 인공위성이나 우주선이 없었던 시대에 지구를 벗어나 우주에서 지구의 모습을 볼 수 없던 점을 고려하면 당연할 수도 있다. 지구 안에서 살아가는 그들의 눈에는 지구가 아니라 태양이 움직이는 것처럼 보인다. 나의 두 발을 지탱하는 땅은 가만히 있는데, 태양은 하루에 한 번씩 떴다가 지지 않는가. 보이는 대로 믿는 것처럼 다수는 지구 밖을 자세히 살펴보지 않았지만, 지구 주위를 태양이 공전한다고 생각했다. 이에 반해 갈릴레이 갈릴레오는 망원경을 스스로 제작하여 지구 밖을 살펴본 소수였다. 갈릴레이 갈릴레오는 더 넓은 세상을 보았고 더 풍부한 과학적 근거를 가질 수 있었다. 나중에 갈릴레이 갈릴레오는 올바른 사실을 퍼트리다가 사형 위기에 처하고 다수는 여전히 태양의 공전을 믿었지만, 그래도 지구는 태양 주위를 공전한다. 사람들이 믿고 안 믿고를 떠나 과학적 사실은 변함없다.

진화생물학도 마찬가지이다. 이미 충분한 과학적 근거가 쌓이고 있더라도 몇몇은 진화생물학을 부정한다. 그런데도 과학적 사실은 속일 수 없다. 시간이 지난 지금은 다윈의 생각은 현대 생물학의 뿌리가 되었고, 진화론은 정설로 받아들여졌다. 새로 자라나는 꿈나무를 위한 교과서에서 진화를 생명의 기본 특성으로 소개한다. 물론 아직 베일 속에 감춰진 과학적 사실도 많다. 세계 각지에서 여러 진화생물학자가 풀리지 않은 진화의 비밀을 풀기 위해 끊임없이 연구에 매진하고 있고, 세상이 놀랄 정도로 훌륭한 결과를 내고 있다. 언젠가는 진화의 비밀이 모두 명백히 풀리는 날이 올 것이다.

이제 도대체 진화는 무엇인지 의문이 들 것이다. 진화가 무엇이기에 생명과학의 뿌리가 되고 많은 진화생물학자가 진화의 비밀을 풀기 위해 일생을 바치는 것일까? 진화생물학은 '생물은 환경에 따라 변화한다'라는 단순한 사실에 그치지 않는다. 진화생물학은 현대 인류가 가진 위기 해결의 중심에 우뚝 서 있다. 슈퍼박테리아의 출현과 암의 전이 과정은 모두 진화의 결과물이다. 우리들은 그동안 박테리아에 감염된 환자에게 항생제를 투여했다. 환자에게 항생제를 투여하면 박테리아는 대부분 죽는다. 효과가 있는 것처럼 보인다. 사실 박테리아 중에서 몇몇 박테리아는 항생제로부터 살아남는다. 이 살아남은 박테리아가 다시 무럭무럭 자라서 재발하면, 사람들은 또다시 항생제를 투여한다. 지난번에 투여할 때와 달리, 이번에 투여할 때는 항생제에 내성이 생겨 박테리아 수를 효과적으로 줄일 수 없다. 지난번에 투여한 것처럼 효과를 보기 위해서는 또 다른 항생제를 사용해야 한다. 하지만 항생제를 개발하는 속도는 박테리아가 내성을 가지는 속도보다 느려서 더 사용할 수 있는 항생제는 남지 않는다. 이제 인류가 가진 항생제로 제어할 수 없는 슈퍼박테리아가 탄생한 것이다. 슈퍼 박테리아의 등장도 하나의 진화 현상이다. 슈퍼박테리아처럼 암도 비슷하게 진화하여 인류를 위협한다. 진화의 비밀이 모두 밝혀진다면 언젠가 슈퍼박테리아의 등장이나 암의 전이 과정도 예측할 수 있을 것이다.

그럼 찰스 다윈이 자연선택에 의한 진화이론을 발표한 『종의 기원 On the Origin of Species by Means of Natural Selection』 책의 마지막 문단, 마지막 문장과 함께 우리의 책을 시작하고자 한다.

> "생명에 대한 장엄한 관점이 하나 있다. 그 관점에 따르면, 하나 또는 몇 개의 생명체들이 이 세상에 처음으로 태어났다. 그리고 지구가 수억 년에 걸쳐 자전과 공전을 계속하는 동안, 그 간단한 시작에서부터 무한한 모습과 형태의 가장 아름답고 놀라운 생명체들이 진화했고, 진화하고 있다."
>
> "There is grandeur in this view of life, with its several powers, having been originally breathed into a few forms or into one; and that, whilst this planet has gone cycling on according to the fixed law of gravity, from so simple a beginning endless forms most beautiful and most wonderful have been, and are being, evolved."
>
> - 찰스 다윈, 『종의 기원』, 마지막 문단, 마지막 문장

Chapter 1

진화의 무대,
갈라파고스

진화의 무대,
갈라파고스

갈라파고스 제도의 지리적 특징과 생태계 다양성

갈라파고스 제도의 기후와 해류

적도에 있는 갈라파고스는 지리학적이나 기후학적으로 매우 독특하다. 적도에 있는 섬 대부분은 연중 고르게 비가 자주 오는 열대기후이지만, 갈라파고스 제도의 기후는 건조기후로 분류된다. 갈라파고스의 연중 강수량은 229mm로, 연중 강수량이 1,500mm 이상인 열대기후에 매우 못 미치는 강수량을 가지고 있다. 갈라파고스의 계절에는 따뜻하고 비가 자주 오는 우기와 춥고 비가 오지 않는 건기가 있다. 건기에는 파도가 거세지고 가루아 garúa 라고 불리는 안개가 짙게 끼게 된다. 건기와 우기는 갈라파고스 제도에 도착하는 해류의 영향을 받아 나타나게 된다.

해류는 기후를 결정하는 요인 중 하나이다. 해류는 차가운 한류와 따뜻한 난류로 나눌 수 있다. 한류와 난류는 전 지구적인 온도 조절에 크게 이바지한다. 해류는 적도 부근에 집중된 열을 극지방으로 분산한다. 또 한류와 난류가 지나가는 부근의 기후에도 영향을 주기도 한다. 영국과 같이 난류가 지나가는 곳은 같은 위도의 다른 지역들에 비해 따뜻하다. 예를 들어 런던의 위도는 서울의 위도보다 14도나

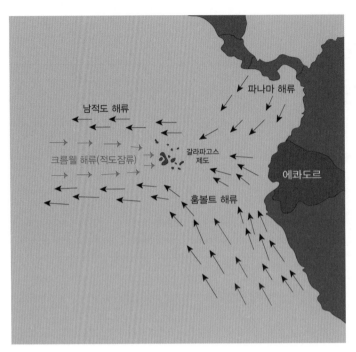

갈라파고스 제도의 해류*

높지만 1월 평균기온은 섭씨 4~7도로 1월에 영하로 내려가는 서울과 비교해 상당히 따뜻하다.

갈라파고스의 기후에 영향을 주는 해류는 파나마 해류와 훔볼트 해류 Humboldt Current가 있다. 파나마 해류는 갈라파고스의 북쪽에서 내려오는 따뜻한 난류이다. 적도를 따라 움직이는 따뜻한 적도 반류가 파나마에 도달하면 방향을 틀어 갈라파고스로 향하는 파나마 해류가 된다. 난류는 염분이 높고 산소와 영양염이 부족하다. 난류의 영향을 받는 지역에서는 해조류나 플랑크톤이 잘 자라지 못해서 먹이사슬을 지탱하는 에너지의 양이 적기 때문에 복잡한 바다 생태계가 발달하기 힘들다. 훔볼트 해류는 페루 해류 Peru Current라고도 불리며, 남극에서 올라오는 차가운 한류이다. 한류는 그 인근 해수와 비교했을 때 염분이 적고 산소와 영양염이 풍부하여 해조류나 플랑크톤이 잘 자라게 한다. 먹이가 풍부한 한류에서 바다 생태계가 잘 발달한다. 갈라파고스 제도는 난류와 한류가 교차하는 지역으로, 난류에 서식하는 난류성 어

* 출처 : Horwell and Oxford, 2011.

류와 한류에 서식하는 한류성 어류가 모여서 어종이 다양하다.

　7월부터 12월에 갈라파고스 제도는 건기로, 비가 거의 오지 않는 사막기후가 된다. 남극 근처에서 내려오는 차가운 훔볼트 해류가 강해져서 비구름이 잘 생기지 않게 된다. 한편, 건기 동안 바닷물이 차가워져 무거워지기 때문에 영양분이 많은 바닷속에 깊숙이 있던 심층수가 바닷물 표면으로 올라오는 용승작용이 활발히 일어날 수 있게 된다. 용승작용이 활발해지면서 바닷물의 영양분이 많아지고 해조류나 플랑크톤이 많이 자란다. 먹이가 풍부해지는 건기에는 해양 생태계가 활발해진다. 우리나라 독도에서도 바닷물의 용승작용이 활발하여 좋은 어장이 형성된다고 알려져 있다.

　1월부터 6월 사이의 갈라파고스 제도는 비가 자주 오는 우기를 맞이한다. 파나마 해류가 강해지고 훔볼트 해류가 약해진다. 갈라파고스의 바닷물이 따뜻해지고 비가 자주 오게 된다. 우기에는 바닷물이 따뜻해져 바닷속 깊은 곳에서 물이 올라오기 힘들어지고, 해양 생태계가 잠잠해진다.

　우리는 갈라파고스 제도의 바다 생태계를 직접 관찰하기 위해 바닷속으로 들어갔다. 바닷속으로 들어가기 전에 갈라파고스 바다는 따뜻할 것이라 예상했다. 막상 갈라파고스 제도의 바다를 온몸으로 느껴보니 예측과 달리 바닷물이 차가웠다. 섭씨 18~21℃로 맞추는 목욕탕의 냉탕보다 살짝 덜 차가운 것처럼 느껴졌다. 갈라파고스의 바다는 건기에 15℃까지 내려가고 우기에 29℃까지 올라간다. 우리가 갈라파고스를 방문한 1월은 건기가 끝나고 우기가 시작되는 시기였기 때문에 바닷물이 아직 차가웠다. 차가운 갈라파고스 바다를 느끼자마자 미국 동부의 플로리다 해변을 다녀왔던 친구가 떠올랐다. 그 친구는 여름에 북위 24~31도에 있는 플로리다 해변에 다녀왔던 이야기를 했다. 플로리다의 바다는 따뜻해서 오랫동안 바닷속에서 수영할 수 있었다고 하였다. 갈라파고스 제도는 위도상 적도 근처에 있으므로 플로리다의 바다보다 더 따뜻해야 하지만, 오히려 플로리다의 바다보다 더 차갑다. 갈라파고스 바다가 플로리다의 바다보다 더 차가운 이유는 차가운 훔볼트 해류의 영향 때문이다.

갈라파고스 제도의 기원

갈라파고스섬들은 모두 화산활동 때문에 생겨났고 400∼500만 년 전에 생성된 것으로 추정된다. 지구는 여러 개의 판으로 나뉘어 있고, 전 세계 전체 화산섬의 95%는 판의 경계에 있다. 폭발적이고 빈번한 화산활동과 지진은 판의 경계에서 판과 판끼리 충돌할 때 자주 일어난다. 나머지 지구에 있는 5%의 화산섬은 판의 경계가 아닌 곳에 있다. 갈라파고스 제도도 판의 경계가 아닌 곳에서 생성된 화산섬이다.

판의 경계에서 멀리 떨어진 화산섬은 맨틀에 있던 마그마가 지각을 뚫고 올라와서 형성됐다. 마그마가 맨틀을 뚫고 올라오는 현상을 맨틀 융기라고 부른다. 이 주위는 주변 맨틀보다 비정상적으로 뜨겁다. 마그마가 맨틀을 뚫고 올라오는 과정은 아직 명확하게 밝혀지지 않았다. 맨틀을 뚫고 올라온 마그마는 암석권 lithosphere까지 도달한다. 암석권까지 도달한 마그마는 암석권을 따라 버섯 모양으로 옆으로 퍼진다. 가끔 마그마가 지각마저 뚫고 분출되는데, 지각에서 마그마가 분출되는 지점을 열점 hotspot이라고 부른다. 열점은 지질학적으로 화산지역이다. 갈라파고스 제도도 동태평양에 있는 갈라파고스 열점 Galápagos hotspot으로부터 생겼다. 맨틀 융기는 외핵과 맨틀의 경계면에 오랜 시간 동안 고정되어 있어서 시간이 지나도 위치가 바뀌지 않는다. 하지만 마그마가 맨틀의 한 부분만 뚫고 올라왔더라도 맨틀

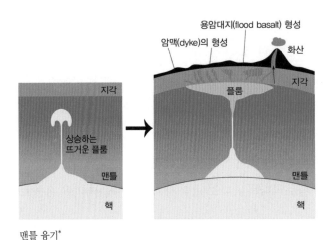

맨틀 융기*

* 출처 : https://commons.wikimedia.org/wiki/File:Mantle_Plume.jpg

위를 덮고 있는 판은 계속 이동하기 때문에 열점은 지각의 여러 곳에 생긴다. 하와이 제도는 갈라파고스 제도와 함께 열점으로 생성된 대표적인 화산섬 중 하나로 갈라파고스 제도와 많은 점이 닮았다. 앞으로 소개할 내용에서도 이 둘은 세계 곳곳에 있는 화산과 비교했을 때 독특한 점을 지닌다.

갈라파고스 제도를 이루는 섬이 용암으로부터 처음 만들어졌을 때를 방사성 동위원소로 추정할 수 있다. 갈라파고스 제도에서 가장 오래된 섬들은 420만 년 전에 생성된 남플라자 South Plaza 섬과 320만 년 전에 생성된 에스파뇰라 Española 섬이다. 산크리스토발 San Cristobal 은 240~400만 년, 산타크루즈 Santa Cruz 는 70~150만 년, 이사벨라 Isabela 는 70만 년 전에 만들어졌다. 이사벨라섬은 갈라파고스 제도 중 가장 어린 편이다.

엘니뇨의 영향을 심하게 받는 갈라파고스

갈라파고스는 지난 수천 년부터 엘니뇨 El Niño 로부터 큰 영향을 받아왔다. 엘니뇨는 갈라파고스 생태계에 큰 변화를 가져온다. 엘니뇨가 올 때마다 갈라파고스의

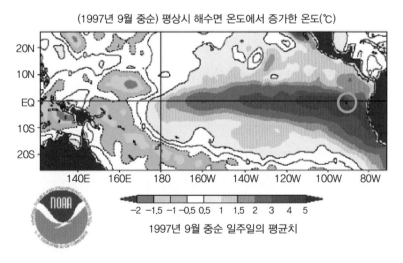

엘니뇨로 인한 온도변화. 갈라파고스의 위치는 초록색 원으로 표시되어 있다. 갈라파고스는 엘니뇨의 영향을 제일 심하게 받는 곳 중 한 곳이다.*

---

* 출처 : http://ww2010.atmos.uiuc.edu/(Gh)/guides/mtr/eln/rcnt.rxml

생물은 많은 변화와 마주했고, 이 변화에 적응하기 위해 끊임없이 진화해왔다. 아직 잘 알려지지 않은 이유로 5년에서 7년에 한 번씩 남동쪽에서 부는 무역풍이 멈추게 되고, 갈라파고스에 차가운 바닷물을 공급하는 훔볼트 해류가 심하게 약해지면, 갈라파고스 바다의 표면이 비이상적으로 따뜻해지는 엘니뇨가 일어난다. 엘니뇨가 일어나면 비가 열대기후처럼 쏟아지고, 바다 표면의 해수의 염도가 줄어들어 바다 깊은 곳의 심층수에 비교해 훨씬 가벼워지게 된다. 이 때문에 영양분이 많은 심층수가 표면으로 올라오는 용승작용이 일어나지 않는다. 갈라파고스 바다의 표면이 뜨거워지고 빗물과 섞여 결과적으로 가벼워지면, 바다 깊은 곳에서 올라오는 차갑고 무거운 심층수와 섞이기 힘들어진다. 용승작용이 일어나지 않자 바닷물의 영양분이 바닥난다. 해조류와 플랑크톤 등은 바닷물의 영양분을 먹고 살지만, 엘니뇨가 일어나면 거의 자라지 못한다. 해양 생태계 먹이사슬의 시작점인 해조류와 플랑크톤이 감소하면, 해조류나 플랑크톤을 먹는 물고기도 먹이가 부족해져서 해양 생태계는 위기에 처한다. 바다 생태계의 위기는 또 다른 비극을 낳는다. 엘니뇨 동안 물고기를 먹는 바닷새와 바다사자, 해조류를 갉아먹는 바다이구아나는 먹이를 구하지 못한다. 엘니뇨가 극심한 경우 바다이구아나의 80%가 굶어 죽는다.

한편, 엘니뇨와 바다이구아나의 스트레스 호르몬과 관련된 흥미로운 연구결과가 있다. 바다이구아나 중에서 스트레스 호르몬을 잘 조절한 녀석이 엘니뇨를 잘 이겨낼 수 있다. 엘니뇨가 나타나면 먹이가 부족해지고 생존 경쟁이 심해진다. 그러면 바다이구아나는 많은 스트레스를 받는다. 보통 바다이구아나가 스트레스를 많이 받을수록 몸속에 분비되는 스트레스 호르몬의 양도 높아진다. 바다이구아나가 스트레스 호르몬에 오랜 시간 노출되면 면역이 떨어지고 몸이 약해질 수 있다. 2002년 갈라파고스에서 엘니뇨가 발생할 때, 한 연구팀은 엘니뇨가 일어나기 전과 일어난 후 바다이구아나의 스트레스 호르몬 분비 양을 비교했다. 같은 스트레스를 받더라도 스트레스 호르몬의 양을 잘 줄이는 바다이구아나가 엘니뇨를 견디고 살아남을 수 있다는 사실을 연구팀은 발견했다 Romero and Wikelski, 2010.

A

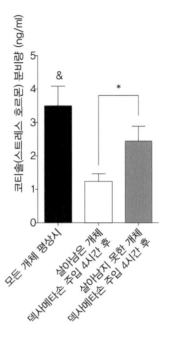

B

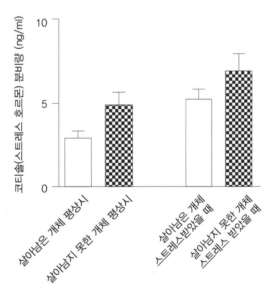

2002년 엘니뇨 기간에 살아남지 못한 바다이구아나는 평상시 스트레스 호르몬 분비량이 많고, 스트레스를 받았을때 스트레스 호르몬을 잘 줄이지 못한다는 사실이 과학자들에 의해 밝혀졌다. 과학자들은 스트레스 호르몬 조절기능의 문제를 발견하는 의학검사 중 하나인 덱사메타손 억제검사(overnight dexamethasone suppression test)를 바다이구아나들에게 실시하였다(그래프 A). 엘니뇨 기간 동안 살아남은 바다이구아나들은 덱사메타손 (dexamethasone)에 반응해서 스트레스 호르몬의 수치를 효과적으로 낮출 수 있었지만, 엘니뇨 기간 동안 죽은 바다이구아나는 스트레스 호르몬의 수치를 잘 낮출 수 없었다. 그뿐 아니라 엘니뇨 기간 동안 살아남지 못한 바다이구아나는 평상시 스트레스 호르몬을 많이 분비하였다(그래프 B). (그래프 출처 : Romero and Wikelski, 2010)

갈라파고스섬에 생물체가 유입되는 과정

갈라파고스 생태계의 고립성, 단순함 그리고 독특함은 다윈에게 진화의 과정을 설명하는 자연선택설을 안겨주었다. 갈라파고스 섬들처럼 바다 한가운데에서 생성되고 대륙과 연결된 적이 없는 화산섬들을 대양도 Oceanic Island 라 부른다. 이런 섬의 생태계는 대륙과 연결되지 않아 고립되어 있다. 갈라파고스 제도가 남아메리카 대륙으로부터 약 1,000km가 떨어진 것을 고려하면 두 생태계 간의 교류가 사실상 불가능함을 쉽게 이해할 수 있다. 고립된 섬에 있는 생물은 대륙에 있는 생물과 교류하지 않기 때문에 섬의 환경에 알맞게 진화하여 색다른 독특함을 뽐낸다. 하지만 갈라파고스 제도가 처음 바다에서 형성됐을 때 섬에는 어떠한 육상 생물도 존재하지 않았을 것이다. 대륙에서 바다를 타고 떠내려온 생물 중 일부가 우연히 갈라파고스 제도에 자리 잡았을 것이다. 현재 갈라파고스에 있는 육상 생물은 대륙에서부터 바다를 타고 도착한 육상 생물들의 후예이다. 예외적으로, 갈라파고스 가마우지 The flightless cormorant, *Phalacrocorax harrisi* 처럼 날아서 왔지만 날개가 퇴화해 육상 생물이 된 새도 있다.

먼저, 고사리 나무 Tree fern 와 같이 포자로 번식하는 양치식물은 바람을 타고 갈라파고스로 퍼질 수 있었다. 포자는 먼지처럼 작아서 바람을 타고 쉽게 수백 km를 건너올 수 있다. 커다란 씨앗을 가진 침엽수나 꽃을 피우는 식물은 주로 새가 먹이활동을 하면서 갈라파고스로 옮겼다. 다음으로, 하늘을 자유롭게 다닐 수 있는 새도 바람을 타고 갈라파고스 제도로 들어올 수 있었다. 새가 본토로부터 1,000km가 떨어진 섬으로 한번에 날아올 수 있을까에 대해 의문이 든다. 하지만 우리는 갈라파고스 바다를 배로 가로 질러 이동할 때

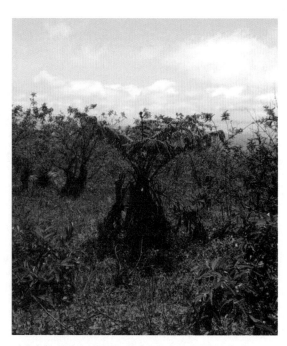

시에라네그라산의 칼데라를 향해 오르며 발견한 고사리 나무

1 등산을 시작하는 곳 근처에서 자라고 있던 고사리 나무들

2 고사리 나무 군락

3, 4 시에라네그라산을 등산하면서 본 식물 대부분은 고사리와 같은 양치식물이었다. 이파리의 생김새와 포자낭의 형태만으로 나누어도 10가지보다 더 많은 고사리를 포착했다. 포자로 번식하는 고사리는 수백 킬로미터 떨어진 곳까지 비교적 손쉽게 퍼질 수 있다. 포자로 번식하는 양치식물이 씨앗으로 번식하는 종자식물에 비해서 멀리 퍼질 수 있기 때문에 고사리가 시에라네그라 화산의 풍경에서 많이 보인다.

작은 바위섬에서 쉬고 있던 새를 볼 수 있었다. 당시 보트를 타고 3시간에 걸쳐 이사벨라섬에서 산타크루즈 Santa Cruz 섬으로 이동했다. 배를 타고 이동한 시 1시간이 지났을까, 바다 한가운데에서 혼자서 외롭게 우뚝 솟아 있는 작은 바위섬을 보았다. 바위섬이라고 부르기에 민망할 정도로 작은 섬이다. 높이는 길지만, 4인용 식탁 정도의 면적으로 좁았다. 바위 위에 검은색 무엇인가가 붙어 있었는데, 자세히 보니 새였다. 분명 내륙과 먼 거리에 있는데도 새가 발견되는 것을 보면, 새가 섬과 섬 사이의 상당히 먼 거리를 날아서 갈 수 있으리라는 생각이 들었다. 이는 어떻게 갈라파고스 제도에 본토의 생명체가 유입되었는지 상상할 수 있게 한다.

산타크루즈섬에서 이사벨라섬으로 이동하던 도중 망망대해 한가운데에서 찾은 작은 바위섬. 바위섬 위에 새가 앉아 있다.

날지 못하는 동물은 바닷물 위에 둥둥 떠서 갈라파고스에 도착했다. 남아메리카 대륙에서 홍수로 강이 범람하면, 개구리, 뱀, 쥐, 곤충 등의 생물이 식물의 잔해로 이루어진 뗏목을 타고 바다로 밀려 보내진다 Schiesari et al., 2003. 바다로 밀려온 뗏목은 해류를 타고 갈라파고스까지 약 한 달에 거쳐 도착한다. 이구아나나 뱀 같은 파충류는 오줌을 새똥처럼 배출해서 몸 안의 수분을 아낄 수 있다. 파충류는 물이 없어도 한두 달 간의 여행 동안 버틸 수 있어서 많은 수가 갈라파고스섬에 성공적으로 도착할 수 있었다. 뗏목을 타는 동안 살아남은 소수의 동물은 갈라파고스섬의 환경에 적응하도록 진화하여 살게 됐다. 갈라파고스에 도착한 조상 이구아나는 수백만 년간 갈라파고스의 독특한 환경에 적응하면서 육지이구아나와 바다이구아나로 진화하였다.

파충류는 물이 부족해도 버틸 수 있지만, 큰 포유동물은 장기간 물이 부족하면 생존할 수 없다. 쥐나 박쥐 같은 작은 포유동물은 자연이 만든 뗏목 위에서 빗물 등을 마시면서 살아남아 갈라파고스까지 올 수 있으나, 몸집이 큰 포유동물들은 불가능했다. 큰 포유동물은 바다 위에서 장거리 이동으로 살아남기 힘들어서 갈라파고스에는 대륙에서 자연적으로 유입된 개, 고양이, 염소, 소 등의 큰 포유동물이 없다.

자연이 만든 뗏목인 식물의 잔해 위에 머물며 육상 생물들은 바다 멀리까지 나갈 수 있다.*

---

* 출처 : Pixabay

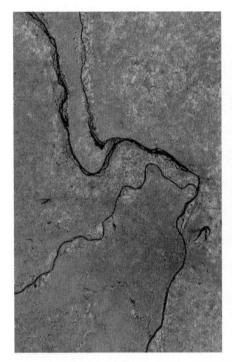
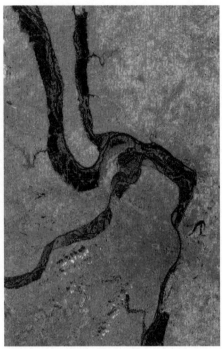

미국 미시시피강이 1993년 범람하기 전(좌, 1991년)과 후(우, 1993년). 강이 범람하면 인근 지역의 수풀과 숲에서 식물의 잔해와 함께 작은 동물들을 쓸어 담아 바다로 이동시킬 수 있다(Syvitski et al., 2012). 홍수에 쓸려나가는 식물성 잔해는 생물들이 먹을 수 있는 음식을 제공할 수 있기 때문에, 다양한 생물들이 잠시지만 거주하게 된다고 한다. 홍수로 자주 범람하는 아마존에서 진행된 한 연구에 따르면, 식물성 잔해에는 식물을 먹는 다양한 수상/육상 곤충들이 자라게 되고, 이 곤충들을 먹는 물고기와 새들이 자주 발견된다고 한다(Schiesari et al., 2003). 식물성 잔해에서는 곤충뿐만 아니라 양서류들도 발견된다. 표류하고 있는 양서류들은 식물성 잔해에서 자라나는 곤충들을 먹으며 바다를 떠내려가는 동안 음식을 해결할 수 있을 것이다.*

한편, 거대 거북은 말과 소와 같은 초식 포유동물과 달리 갈라파고스까지 올 수 있었다. 표류를 통해 대륙에서 섬으로 생물이 유입될 수 있다는 간접적인 증거를 소개하려고 한다. 알다브라 Aldabra섬은 갈라파고스를 포함해서 전 세계에서 유일하게 거대 거북이 남아 있는 지역이다. 알다브라섬에서 동아프리카의 킴비지 Kimbiji 해변까지 500km 이상을 떠내려간 거대 거북이 발견되었다. 따개비의 크기로 체류시간을 계산했을 때, 6~7주간 바다에서 체류한 것으로 추측된다 Gerlach et al., 2006. 거대 거북은 물과 음식도 섭취하지 않고 1년 이상 살아남을 수 있다. 덩치가 큰 거

---

* 출처 : Allen, J. (2019). Great Flood of the Mississippi River, 1993. [online] NASA Earth Obsgreat-floervatory. Available at: https://earthobservatory.nasa.gov/images/5422/od-of-the-mississippi-river-1993(Accessed 17 Dec. 2019.

북일수록 몸 안에 지방으로 저장한 영양분이 많아 장기간 살아남을 수 있는 것이다. 이 때문에 거대 거북도 이렇게 해류를 통해 바다 위에 둥둥 떠내려가는 방식으로 갈라파고스에 도착했을 것으로 과학자들은 추측하고 있다.

바다에 둥둥 떠서 500km를 이동한 6주 동안 따개비가 붙은 알다브라 거대 거북. 큰 거북일수록 바다에서 떠 있는 동안 살아남을 가능성이 크다.*

진화를 관찰하기 좋은 조건

갈라파고스 제도는 태평양 한가운데 솟아난 화산섬으로 비가 오지 않는 사막기후를 가지고 있다. 이런 척박한 환경으로 고양이나 사람 같은 포식동물이 없는 독특한 생태계를 만들었다. 진화론 교양서의 고전인 조너던 와이너 Jonathan Weiner의 『핀치의 부리 Beak of the Finch』에서 갈라파고스 제도의 특징을 다음과 같이 소개했다 p. 28.

> 생물의 진화를 오랜 세대에 걸쳐 연구하려면, 달아나지 않고, 다른 집단과 쉽게 섞이지도, 이종 교배를 하지 않으며, 서로 뒤섞여 한 장소에서 일어난 변화와 다른 곳에서 일어난 변화가 혼합되지도 않은 격리된 집단이 필요하다. 만일 당신이 새의 날개 길이에 생긴 변화를 발견한다면, 그 변화가 어떻게 일어났는지 설명하고 싶어 할 것이다. 그렇게 하려면 실험실의 단순성과 고립성에 근접한 무언가를 자연에서 찾아야 한다. 섬은 이런 목적에 이상적인 공간이다. 섬은 연구 대상들이 떠나가지 못하게 할 뿐 아니라, 외부 영향이 침투하기도 어렵다. 세계의 모든 섬 가운데 진화론자의 천국에 가장 가까운 곳은 갈라파고스 군도이다.

　갈라파고스 제도에 수백 년 전까지만 해도 물이 부족한 척박한 환경 때문에 어떠한 사람도 살지 않았다. 지구상에서 원주민이 없는 몇 안 되는 섬이라 한다. 갈라파

---

* 출처 : Gerlach et al., 2006.

고스에는 담수 호수가 모든 섬을 통틀어 딱 한 개 산크리스토발섬의 엘 준코(El Junco) 담수 호수
밖에 없고, 저지대에는 비가 거의 내리지 않기 때문에 농사를 짓는 것이 불가능하며,
그 때문에 비가 조금이라도 내리는 고지대에서만 농사할 수 있다. 갈라파고스에 사
고로 처음으로 방문하게 된 파나마의 4번째 주교 프라이 토마스 데 베를랑가 Fray
Tomas de Berlanga는 갈라파고스를 현실에 나타난 지옥이라 불렀다. 이들이 갈라파고
스에 표류하는 동안 선원의 반이 물을 마시지 못해 탈수로 죽었다. 사람의 발길이 뜸
했기 때문에 갈라파고스 제도의 생물은 사람에 익숙하지 않고 사람의 위험성을 몰
라서 경계하지 않는다. 갈라파고스의 생물은 사람보다 매나 부엉이 같은 맹금류를
사람보다 더 무서워한다. 근래에는 사람이 갈라파고스로 이주하면서 들여온 외래
종인 뻐꾸기 Smooth-billed ani와 고양이가 갈라파고스 생태계를 위협하고 있다.

찰스 다윈의 갈라파고스 여행 기간의 노트를 살펴보면, 새들이 너무 순진무구해
서 돌을 던져도 도망가지 않아 선원들 몇몇이 돌을 던져 서너 마리를 죽였다고 써
있거나, 한 선원이 새를 모자로 덮어 숨을 못 쉬게 해서 죽게 했다는 등 새들이 사람
을 전혀 경계하지 않았다는 것이 기록되어 있다 『핀치의 부리』, pp. 42~43.

> "새들은 인간을 처음 보았는지, 그곳에 사는 거대 거북처럼 인간을 무해하
> 다고 생각한다. 작은 새는 1미터쯤 떨어진 곳에서 조용히 덤불 사이를 뛰어
> 다녔고, 돌을 던져도 놀라지 않았다. 킹은 모자로 한 마리를 죽였다." 다윈은
> 거대한 거북 떼를 발견했고, 그중 한 마리에 올라타서 몰아보기도 했다. 다
> 윈은 이구아나 한 마리를 골라 계속 물에 집어 던졌다. 던질 때마다 이구아나
> 는 계속 다윈이 있는 쪽으로 곧장 헤엄쳐 왔다. 다윈은 굴을 파느라 바쁜 육
> 지이구아나의 꼬리를 잡아당겼다. 이구아나는 고개를 들어 마치 "왜 내 꼬
> 리를 잡아당기는 거야?"라고 말하는 것처럼 다윈을 쳐다보았다.

지금 갈라파고스에 사는 동물들의 생태와 진화를 연구하는 국제적인 연구들이
진행되고 있는데, 이런 동물들이 사람에 대한 경계심이 적다는 장점이 연구자들에
게 큰 매력이다. 사람을 경계하지 않아서 갈라파고스 제도에 있는 생명체가 어떻
게 살아가는지 진화생물학자가 이들에게 가까이 다가가서 관찰할 수 있다. 갈라파
고스섬들 중 하나인 작은 데프니 Daphne섬에서 가뭄과 엘니뇨에 의한 새들의 진화

를 처음으로 관찰할 수 있었던 두 진화생물학자 피터 그랜트 Peter Grant와 로즈메리 그랜트 Rosemary Grant는 작은 섬에 사는 1,800여 마리 새들의 부리 크기를 모두 잴 수 있었는데, 이는 새들이 사람을 크게 경계했다면 불가능했을 것이다 『핀치의 부리』, p. 77.

핀치들은 우리보다 매와 올빼미를 훨씬 더 무서워하지. 우리가 가까이 걸어 가도 핀치는 자기가 하던 일을 계속하고 있어. 하지만 올빼미가 다가가면 선 인장으로 날아가지. 얼마 전 로즈메리가 나무가 없는 곳을 걸어가고 있었거 든. 그때 올빼미가 날아오르니까, 핀치들이 사방에서 날아와 로즈메리의 몸 에 앉더라니까! 그들은 항상 우리의 어깨나 팔, 머리에 앉아 있어. 내가 한 마 리를 측정하고 있을 때면, 가끔 다른 몇 마리가 내 손목과 팔에 내려앉아 지 켜본다니까. 한번은 쌍안경으로 바다를 바라보고 있는데, 매가 내 모자에 앉 았어. 그걸 사진으로 찍어두었지.

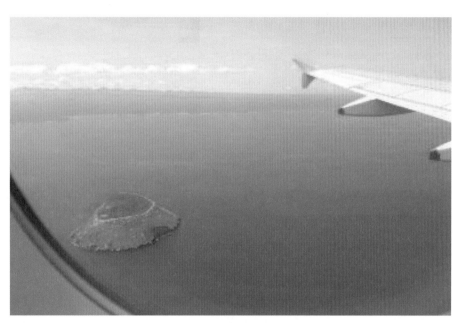

피터와 로즈메리가 1973년부터 현재까지 30년이 넘게 핀치새들의 진화에 대해 연구하고 있는 데프니섬. 공항이 위치한 발트라섬 옆에 위치해 있고 비행기에서 착륙 전 찍을 수 있었다. 일반 여행객은 갈 수 없고, 연구목적의 방 문을 위해서는 국립공원에 연구를 진행해도 된다는 허락을 한 달 전에 받아야 한다.

갈라파고스 제도는 대륙과 한번도 연결되지 않아서 생태계가 단순하면서도 독특하다. 또 비가 거의 오지 않는 건조기후이기 때문에 생명체 간의 생존 경쟁이 심하다. 단순함과 독특함 그리고 생존하기 어려운 환경이 모여 갈라파고스 제도를 진화의 무대로 만들었다. 대륙에서는 찾을 수 없는 이런 환경이 세계에서 갈라파고스 제도에서만 유일하게 찾아볼 수 있는 바다이구아나, 갈라파고스 거대 거북, 갈라파고스 가마우지, 갈라파고스 핀치새와 같은 독특한 생물들의 진화를 이끌어 낼 수 있었다.

이사벨라섬과 조우하다

갈라파고스 제도로의 초대

에콰도르 Republic of Ecuador의 수도인 퀴토 Quito에서 출발하여 2시간 정도 비행하면 갈라파고스 제도로 들어가는 첫 관문인 발트라 Baltra섬에 도착한다. 발트라섬은 갈라파고스 제도에서 공항이 있는 섬 두 개 중 하나이다. 갈라파고스 제도에는 산크리스토발 San Cristobal과 발트라섬에 각각 공항이 있다. 에콰도르 본토에서 섬으로 들어올 때 발트라섬에 있는 시모어 Seymour 공항이 주로 이용된다. 발트라섬에 착륙하면 열대지방에서 흔히 예상할 수 있는 여러 화려한 동식물이 펼쳐질 것

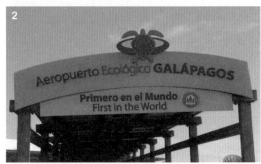

1 갈라파고스 제도에 들어간 과정. 발트라섬 공항에서 내려 산타크루즈섬을 거쳐 이사벨라섬으로 들어갔다.
2 에콰도르 본토에서 출발해 발트라섬 시모어 공항에 내리면 보이는 표지판. 우리가 갈라파고스에 도착했음을 실감했다.

이라 기대했다. 하지만 비행기에서 내렸을 때 눈에 보이는 풍경은 사막 또는 황무지에 가까웠다. 바람은 매우 건조하고 모래가 날렸고, 땅은 가뭄처럼 쩍쩍 갈라져 있었다. 가끔 볼 수 있는 것은 선인장과 나뭇잎 하나 없이 하얗고 가느다란 나뭇가지를 드러내고 있는 유창목 癒瘡木, 영어로 palo santo, *Bursera graveolens* 나무들뿐이었다.

발트라섬에서 갈라파고스 제도의 다른 섬으로 이동하기 위해 버스를 타고 부두로 이동했다. 버스를 타고 부두로 가는 동안 섬과 어울리지 않는 인공 구조물이 보였다. 철과 시멘트로 만들어진 구조물은 발트라의 역사를 보여준다. 시간은 제2차 세계대전으로 거슬러 올라간다. 당시 미국은 태평양과 대서양을 연결하는 파나마 운하가 전략적으로 중요했다. 미국은 파나마 운하를 보호하기 위해 발트라섬을 공군기지로 이용했다. 발트라섬은 갈라파고스 제도의 한가운데에 있고

발트라섬에 설치된 풍력발전기. 발트라 공항의 전기는 100% 재생에너지만을 사용해서 만들어진다.

평평한 지형을 가지고 있으므로 공군기지를 짓기에 최적의 장소였다. 발트라섬이 공군기지로 이용되면서 자연스레 발트라에는 연료를 충전하는 시설과 사람이 살 수 있는 건물이 들어섰다. 미국공군 병사는 발트라섬 어디에서나 화산암과 화산 노두 volcanic outcrops를 볼 수 있어서 공군기지를 'the Rock'이라고 부르기도 했다. 세계대전이 끝나고 미국은 군 기지를 에콰도르 정부에 양도했다. 에콰도르 정부는 군 기지에 남아 있는 건물을 해체하여 산타크루즈섬과 산크리스토발섬에 집을 짓는 데 필요한 건축자재로 사용했다. 또 일부는 갈라파고스 공항의 활주로 건설에 사용했다. 발트라섬은 현재까지도 공식적인 에콰도르의 군 시설로 활용되고 있다.

발트라섬의 풍경. 갈색빛의 흙과 가느다란 나뭇가지가 듬성듬성 있는 풍경으로 황무지에 가깝다. 사진 양 끝에 보이는 섬들은 『핀치의 부리』의 주인공인 피터와 로즈메리 그랜트 부부가 연구했던 데프니메이저(Daphne Major, 좌)와 데프니마이너(Daphne Minor, 우)이다. 부부의 연구는 1년이라는 비교적 짧은 시간 동안에도 환경에 더 적합한 핀치가 자연선택에 의해 진화할 수 있다는 사실을 보여준다. 데프니메이저는 섬의 지형이 험준하고 바다로 둘러싸여 있다. 섬에 사람이 접근하기 어렵고, 핀치새가 섬을 잘 떠나지 않는다는 점이 이 연구를 가능하게 했다.

1　바다이구아나는 우리 일행이 가장 먼저 마주친 갈라파고스 생물이다. 이구아나가 바닥과 비슷한 색을 하고 있어서 이구아나를 바닥과 구분하기 어려웠다.

2　바다사자가 항구에서 휴식을 취하고 있는 모습이다. 사람이 주변에 있어도 아랑곳하지 않고 잠을 잔다.

우리는 발트라섬에서 가장 가까운 산타크루즈섬으로 10분간 배를 타고 이동했다. 우리의 첫 목적지는 이사벨라섬이지만, 이사벨라섬에 가기 위해서는 산타크루즈섬을 거쳐야 한다. 잠깐 산타크루즈섬을 거칠 때 산타크루즈섬이 많이 개발됐다는 것에 놀랐다. 갈라파고스 제도가 적도에 있기 때문에 키가 큰 나무로 우거진 숲이 가득할 것이라 상상했다. 숲 사이로 인적이 드문드문하게 있을 것을 떠올렸다. 그런데 산타크루즈섬에 도착해보니 반듯하게 쫙 깔린 도로, 색깔이 알록달록한 건물 그리고 경적을 울리는 자동차를 볼 수 있었다. 개발된 건물과 도로 사이로 어울리지 않는 섬의 원래 주인도 있었다. 바다이구아나와 바다사자들이 사람이 가까이 와도 경계하지 않고 길가 한가운데에 누워 있다. 이곳에 정착한 사람이 섬의 원래 주인들을 그대로 내버려두었는지 동물과 인간이 공존하는 모습이 낯설었다. 산타크루즈섬이 제법 교외와 비슷한 모습에 친숙하여 반가웠지만, 그것도 잠시였다. 과거에는 어느 자연 명소였을 곳이 관광지로 개발되어 서서히 그 모습을 잃어갈 수 있다는 사실이 안타까웠다. 함께 한 김주희 학생은 아쉬움을 토로했다.

> "제법 갈라파고스 제도가 개발된 것은 어쩔 수 없지만, 다녀가는 이라도 갈라파고스 생태계가 얼마나 의미 있는지를 깨닫고 보존의 필요성을 느끼고 가면 좋겠다."

안녕, 이사벨라섬

공항이 있는 산크리스토발섬과 산타크루즈섬 사이의 비행기 편을 제외하고, 갈라파고스 제도에서 섬과 섬 사이를 이동할 수 있는 유일한 교통수단은 모터보트이다. 우리는 산타크루즈섬에서 이사벨라섬으로 이동하기 위해 산타크루즈섬 부두로 자리를 옮겼다. 산타크루즈섬 부두에 크고 작은 보트가 옹기종기 모여 있었다. 우리는 사람이 20명 정도 탑승할 수 있는 작은 배를 2시간 동안 타고 이사벨라섬으로 이동했다.

에메랄드 빛깔의 바다가 보이는 이사벨라섬으로 도착하자 점점 많은 갈라파고스의 동식물을 마주쳤다. 가장 먼저 부두 주변을 둘러싸는 맹그로브 mangrove가 우리를 반겼다. 맹그로브는 갈라파고스 제도의 해안가에서 가장 흔하게 볼 수 있는 식물이다. 맹그로브는 다른 식물과 달리 염분이 많은 바닷가에서 자란다. 맹그로브는 뿌리가 바닷물을 통과해 해변 바닥을 짚고 있는데 그 위로 연두색 잎들이 가득했다. 맹그로브는 바닷가에 사는 새나 물고기에게 휴식공간을 주기 때문에 해안 생태계에서 매우 중요하다. 부두와 나무 사이에는 바다사자도 보였다. 우리가 부두를 시끄럽게 지나가도 나무들 사이에 있던 바다사자는 우리를 전혀 신경 쓰지 않았다. 바다사자는 위풍당당하게 배를 하늘로 향한 채 단잠에 빠져 있었다.

이사벨라섬은 갈라파고스 제도 중에서 가장 큰 섬으로, 제일 최근에 화산활동으로 만들어진 페르난디나섬과 같이 서쪽 끝에 위치한 섬이다. 하늘에서 이사벨라섬을 보면 섬의 모양이 음표의 모양을 닮았고, 이사벨라섬의 면적은 산타크루즈섬보다 4배 정도 더 크다. 여러 갈라파고스섬 중에 나이가 페르난디나섬 다음으로 가장 어린 편이다. 이사벨라섬도 다른 섬처럼 화산활동으로 생성되었고, 이사벨라섬에는 서로 연결된 6개의 순상화산이 있다. 이 6개의 화산은 앨시도 Alcedo, 다윈 Darwin, 에콰도르 Ecuador, 세로아줄 Cerro Azul, 울프 Wolf 그리고 시에라네그라 Sierra Negra이다. 에콰도르 화산을 제외한 화산들은 아직 활발한 화산활동을 하고 있어 지구상에서 가장 활발히 화산활동을 하는 지역들 중 한 곳으로 뽑힌다.

이사벨라섬은 갈라파고스 제도의 다른 섬보다 어린 화산섬이기 때문에 독특한 특징을 가지고 있다. 산타크루즈섬처럼 오래전에 생성된 다른 화산섬은 비와 바람에 오랜 시간 동안 깎였다. 산타크루즈섬과 달리 이사벨라섬은 아직 화산활동이 활발하고 비와 바람에 깎여온 시간이 적어서 화산섬의 특징을 고스란히 간직하고 있다. 이사벨라섬은 용암 지대 lava field, 화산에서 유래한 거대한 바위, 칼데라 등 높거나 날카롭고 험준한 지형이 많다. 이러한 높고 험준한 지형은 생물들이 이동할 수 없는 가로막이 된다. 이사벨라섬의 야생 거대 거북은 이사벨라섬의 화산과 화산 사이의 경계에 위치한 거친 화성암으로 이루어진 용암 지대를 지나서 이동할 수 없다. 화산섬의 거친 지형들이 생물의 이동을 막는 지리적 걸림돌이 되어 거북이들은 한 화산에서 다른 화산으로 이동할 수 없다. 더 왕래가 없는 서로 다른 화산의 거대 거북은 점점 각자의 환경에 적응하면서 다른 종의 거대 거북으로 진화한다. 그 결과 이사벨라섬에는 화산마다 서로 다른 종의 거대 거북이 살고 있다.

이사벨라 지형을 잘 묘사하는 사진이다. 흙 밑은 화산에서 나온 용암이 굳어져서 형성됐을 것이고 그 위에는 흙이 덮여 있다. 암석 위에 흙이 있고 그 흙에 식물이 풍성하게 자생하고 있는 것이 가장 신기했다.

Fernandina

Sierra Negra
sulfur mine

Campo Duro
(camp)

2018 January 15

시에라네그라 화산 등산

시에라네그라와 칼데라

우리가 보통 떠올리는 화산은 폭발적으로 화산 분출을 하고 재가 하늘에 날리는 화산이다. 우리는 이런 화산을 성층화산 또는 복합화산이라고 부른다. 이 화산은 대체로 매우 가파르다. 이러한 원뿔 모양의 화산은 화산 분출 시 흘러나온 용암이 굳은 층과 화산쇄설물 pyroclast 또는 tephra이 번갈아 가며 쌓이면서 만들어진다. 화산쇄설물은 화산 분출 시 바람에 흩날린 부서진 암석가루와 분출된 마그마가 공중에서 잘게 부서져 굳은 덩어리들이다. 성층화산 stratovolcano에서 나오는 용암은 점성이 높아서 더 천천히 움직인다. 또 성층화산의 용암은 더 빨리 식어서 화산이 순상화산 shield volcano보다 더 높고 뾰족하고, 정상의 면적이 더 좁다. 성층화산의 대표적인 예로 폼페이를 멸망시켰던 베수비오산이 있다.

순상화산은 보통 우리가 떠올리는 화산과 분출 모습이 다르다. 순상화산은 현무암질 마그마 basaltic lava에 의해 형성된다. 현무암질 마그마는 점성이 낮아 유동적이다. 유동적인 현무암질 용암은 칼데라로부터 더 멀리 더 얇은 층을 이루면서 흘러간다. 순상이라는 이름은 산의 모양이 방패를 바닥에 거꾸로 놓은 모양이라서 붙여진 이름이다. 순상화산은 서서히 용암이 땅 밖으로 흘러나오기 때문에 조용히 분출한다. 이사벨라섬은 비슷한 시기에 폭발한 여섯 개의 순상화산이 이어진 섬이다.

순상화산이 화산 분출을 하고 용암이 흘러내릴 때, 표면에 노출된 용암은 더 빠르게 식는다. 이때 식은 용암의 모양을 크게 두 가지로 나눈다. 아아 용암 'a'a lava과 파호이호이 용암 pähoehoe lava이다. 아아 용암 형태는 용암 온도가 낮거나 유문암질 rhyolite 마그마 등 이산화규소의 함량의 높은 경우 마그마의 점성이 높아져서 만들어진다. 아아 용암은 표면이 매우 거칠고 날카로우며, 이미 굳었거나 굳어가는 용암 조각들과 함께 느린 속도로 움직인다. 반면에 파호이호이 용암은 아아 용암보다 점성이 낮아서 표면을 손상 없이 온전하게 유지한다. 파호이호이 용암은 가스를

1 시에라네그라 화산의 국립공원이 시작되는 위치에 세워져 있는 등산로 안내 표지판. 건기에는 매우 건조해 화재가 커지기 쉽기 때문에 불의 사용은 완전히 금지된다. 하지만 텐트를 치는 캠핑은 허용된다. 우리는 안내판의 오른쪽 위에 노란색으로 표시된 등산로 중에서 아래에 위치한 유황 광산을 갈 수 있는 등산로를 선택하였다.

2 시에라네그라 화산을 올라가는 길. 가파르지 않고 고르고 수평으로 퍼진 순상화산의 모습을 보여준다.

분출하지 않아서 유동성이 더 크고 열 손실도 적다. 또 표면이 찢기더라도 곧 다시 복구되어 부드러운 표면을 가진다. 파호이파호이 용암의 표면 아래에서 아직 식지 않은 용암이 흘러가면 표면을 더 주름지게 해서 밧줄 같은 무늬가 만들어진다. 그리고 열이 오랫동안 식지 않아 용암이 활발하게 움직이면 용암이 흘러나가고 남은 공간에 용암동굴이 만들어진다.

우리는 갈라파고스의 지질환경을 관찰하기 위해 갈라파고스에서 가장 큰 칼데라 caldera가 있는 시에라네그라 화산을 등산했다. 시에라네그라는 스페인어로 '검은 산'을 의미한다. 시에라네그라 화산은 이사벨라섬 남동쪽에 있다. 시에라네그라 화산은 갈라파고스에서 화산활동이 가장 활발한 화산 중 하나이다. 1813년부터 12번의 폭발이 일어났고 가장 최근에 한 화산 폭발이 2018년 7월이다. 시에라네그라 화산의 칼데라는 갈라파고스 제도에서 가장 크다. 칼데라의 길이는 대략 10km이고, 깊이는 100~140m에 달한다.

우리는 등산로를 타고 칼데라를 내려다볼 수 있는 칼데라 가장자리 정상까지 올랐다. 칼데라가 워낙 커서 가장자리를 3~4시간 걸어도 끝이 없었다. 칼데라의 둘레를 따라 2~3시간을 걸으면 완전히 다른 모습의 칼데라를 확인할 수 있을 정도로 매우 크고 넓었다.

시에라네그라 화산을 포함한 갈라파고스 화산들은 특이하게도 화산의 크기에 비해 매우 크고 넓은 칼데라를 가지고 있다. 갈라파고스 화산들의 정상은 칼데라가 있기 때문에 평평하다.

1   시에라네그라 화산의 칼데라의 모습을 처음 보았을 때이다. 시에라네그라 화산을 2시간 정도 올라가다 보면
     칼데라 주변을 따라 걸을 수 있는 고도에 도달한다.

2   이 시점부터 칼데라 내부를 관찰하면서 걸을 수 있는데 칼데라가 크고 넓다.

3   시에라네그라 칼데라와 급격한 절벽. 저 멀리 유황 광산이 보인다.

1 칼데라 한가운데 있는 유황 광산 사진

2 정면에서 바라보고 칼데라 주변을 따라 1시간여 정도 걷다 보니 어느새 분기공을 옆에서 바라보는 위치에 와 있었다. 분기공을 통해 나오는 연기를 관찰하며 시에라네그라가 아직 활발한 화산이라는 것을 실감했던 것 같다.

3 시에라네그라 칼데라. 칼데라 내 색깔이 다른 용암이 경계를 이루며 나누어져 있는 것을 확인할 수 있다.

4 칼데라의 바닥을 이루고 있는 밝은색의 화성암. 작은 갈라진 틈새에서 새싹을 틔운 고사리들을 볼 수 있었다.

용암이 많이 분출되고 마그마 방이 비게 되면, 화산 꼭대기의 내부적인 지지가 부족해지고 마치 싱크홀처럼 땅이 꺼지고 붕괴한다. 이때 칼데라가 화산의 정상에 생긴다. 칼데라의 모양은 화산활동의 규모에 따라 모양이 제각각이다. 칼데라의 가장 큰 특징은 거의 수직을 이룰 정도로 가파른 벽이다. 시에라네그라 화산의 칼데라는 평평하고 긴 타원형 모양이었고, 칼데라를 경계 짓는 벽은 절벽처럼 깎아내려졌다.

건기의 건조한 시에라네그라 화산과 1985년 대화재

시에라네그라 화산과 세로아줄 화산 사이에서 1985년에 2월부터 7월까지 화재가 발생하여, 그곳에 서식하던 거대 거북들을 자원봉사자들이 안전한 보호구역으로 옮겨야 하는 사태가 발생하였다 Marquez, C., 1986; Smith, C.,1990. 화재는 이사벨라 거주 구역에서 농부의 실수로 시작이 되었고, 이후 국립공원 구역으로 번지게 되었다. 건기가 아직 끝나지 않았기 때문에 지난 우기 때 자랐던 고사리들이 바싹 말라 있어서 불을 피울 수 있는 연료들이 많은 상황이었고, 불은 빠르게 화산의 한 면을 다 덮을 정도로 퍼지게 되었다. 그 결과로, 국립공원의 과학자와 레인저 ranger들이 미처 탐색하지 못한 미지의 지역들을 포함해 시에라네그라 화산 주변의 175km^{2}의 면적이 완전히 타버렸다. 미국과 캐나다의 도움을 받으며 갈라파고스 국립공원은 화재 진압을 시도하였지만, 결국 건기가 끝나고 우기가 시작하며 비가 내리기 시작하자 75일 동안의 화재 진압이 무색하게 화재가 소진되었다.

시에라네그라 칼데라. 시에라네그라 화산의 전형적인 식물대인 고사리가 여기저기 분포하고 있다.

칼데라 안에 하얗게 말라비틀어지고 생명력을 잃은 고사리. 고사리 사이로 유황 광산을 향해 이동하는 지스트 탐사팀. 건기 갈라파고스의 건조함을 잘 보여준다.

저 멀리 세로아줄 화산이 보인다. 시에라네그라 화산과 마찬가지로 옆으로 길게 완만하게 퍼진 순상화산의 모습을 하고 있다.

최근에 시에라네그라 화산의 칼데라에서 있었다는 화재의 흔적으로 보이는 불에 반쯤 탄 선인장

유황 광산

유황은 일부 현무암 지대와 화산 분기공이 발견되는 지역에서 확인된다. 하와이의 마우나로아 Mauna Loa와 같이, 갈라파고스 제도의 시에라네그라 칼데라에서도 유황이 확인된다. 시에라네그라 화산을 잘 살펴보면 노란색을 띤다. 바로 유황 침전물이다. 시에라네그라 화산의 서쪽에는 유황을 내뿜는 분기공이 위치한 '유황 화산'(Volcan de Azufre)이 있다. 유황 분기공에서는 독한 황 냄새와 연기가 피어오른다. 화산활동에 의해 분기공은 이산화탄소, 이산화황, 황화수소 같은 가스와 증기를 배출하는데, 황화수소가 그 주변에 침착이 되면서 유황이 쌓이게 되고, 인근의 토양이 노란색을 띠게 되었다. 이곳은 이사벨라섬의 주민들이 유황을 캐던 유황 광산 sulfur mine이었다. 1893년 에콰도르의 과야킬 Guayaquil 출신의 안토니오 길 Antonio Gil은 이사벨라섬의 남쪽에 정착해 푸에르토 빌라밀 Puerto Villamil 마을을 설립하였고, 나중에 시에라네그라 화산의 고지대에 산타토마스 Santa Tomás 마을을 설립하였다. 산타토마스 마을은 이사벨라 유황 광산 산업의 중심이었으며, 1906년에 약 200명이 살고 있었다. 현재 유황 광산은 사용되고 있지 않다. 유황 광산으로 가려면 분화구 위에서 가파른 경사로를 따라 칼데라 내부로 이어지는 길을 내려가야 한다. 이 길은 40분 정도 걸리는데, 경사가 말을 타고 갈 수 없을 정도로 매우 급하고 험준했다. 우리는 유황 광산을 보고 싶다는 호기심과 열망에 가득 차서 내려가기로 결정했다.

유황 광산으로 가는 길. 절벽을 내려오는 것이기 때문에 경사가 매우 가파르다.

1 멀리 보이는 유황 광산

2 유황 광산의 전반적인 모습. 마치 바닷가의 백사장에 온 것과 같은 상상을 하게 만드는 고운 하얀색의 모래가 유황 광산을 올라가는 길이 시작되는 곳에 깔려 있었다.

3 유황 광산을 올라가는 길

4 가스가 나오는 분기공이다. 주변 환경이 대체로 노란색을 띠고 있다.

5 유황 광산의 분기공 가까이 가서 살펴본 사진. 유황 냄새가 진동을 했다. 마치 지구가 아닌 외계의 행성에 와 있는 듯한 느낌을 받았다.

1 칼데라의 바닥에는 유황 분기공의 활동과 관련된 것으로 보이는 고운 연노란색 가루가 가득 쌓여 있다. 유황 광산을 탐사할 때 마스크를 착용하는 것이 좋았을 듯하다. (카드는 크기 비교를 위해 놓았다.)

2, 3 유황 광산에서 어렵지 않게 볼 수 있는 황 덩어리다.

등산하는 동안

랍 필립스 Prof. Rob Phillips 교수님의 제안으로 우리는 종종 자연경관이 아름답고 고요한 곳에서 대자연을 느끼고자 침묵의 시간을 가졌다. 침묵의 시간은 5~10분의 시간 동안 전자기기를 시야에서 없애고 주변 사람들과도 아무 말도 하지 말고 혼자만의 시간을 보내는 것이었다. 시에라네그라 화산의 칼데라에서 우리는 첫 번째 침묵의 시간을 갖게 되었는데 각자 떨어져서 자리를 잡고 앉아 거대한 칼데라와 깎아내리는 듯한 외벽을 보면서 떠오르는 생각에 잠겼다. 풀이 가득한 그곳을 아무도 걸어 다니지 않아 꺾어지는 풀 소리도 없었고 때때로 휭 불어오는 바람 소리가 생각에서 잠시 벗어나게 해주었다. 이 침묵의 시간은 시에라네그라에서만 한 것이 아니라 산타크루즈섬에서 바다 생태계를 관찰할 때와 카누를 타고 도착한 절벽을 마주한 고요한 바다 위에서도 했다.

시에라네그라산의 칼데라를 내려다보며 침묵의 시간을 가지는 모습

김주희 학생은 침묵의 시간에 대해 "개인적으로 이 침묵의 시간이 굉장히 기다려졌다. 침묵의 시간을 가질 때마다 자연경관 앞에서 작아지는 내 모습을 돌이켜 보기도 했고 그 순간의 적막을 즐기며 아무 생각 없이 멍하니 있기도 했었다. 생각의 결과가 어떻든 마음과 몸이 한결 가벼워지는 느낌은 절대 잊을 수가 없다."라고 했다.

이사벨라섬에서 관찰한 갈라파고스 육상 생태계

우리는 이사벨라섬에서 갈라파고스 육상 생태계를 탐사했다. 지질 환경은 육상 생태계에 큰 영향을 주기 때문에 육상 생태계를 이해하기 전에 지질환경을 먼저 살펴봐야 한다. 예를 들어, 우리가 흔히 알고 있는 선인장은 물이 부족한 지질환경에서 살아남을 수 있도록 적응한 대표적인 식물이다. 또 다른 예로 맹그로브와 같이 염분이 높은 바닷가에 서식하는 식물은 높은 염분을 극복할 수 있도록 적응해왔다. 반대로, 서식지에 적응하여 살아남은 생명체는 지질 환경에 변화를 가져올 수 있다. 예를 들어, 황무지에서 살아남은 선인장은 주변에 물과 먹이를 제공하여 새와 같이 다른 생명체가 살아갈 수 있는 환경을 제공한다. 이처럼 환경과 생태계는 서로 영향을 주고받으며 상호작용을 한다.

갈라파고스 제도의 육상 생태계가 있는 서식지 habitat는 지질환경에 따라 연안 지대 littoral zone, 건조 지대 arid zone, 고지대 highland zone로 나눌 수 있다. 연안 지대는 바닷물과 직접 닿아 있는 구역으로, 맹그로브와 같이 염분을 극복할 수 있는 상록식물 연중 내내 초록색을 띠는 식물이 주로 자생한다. 연안 지대에는 우리나라 남해안의 갯벌과 유사한 습지도 존재한다. 이 습지에는 플라밍고나 게 등 많은 생물체들이 서식하고 있다. 건조 지대는 갈라파고스 제도의 내륙지역으로 비가 오지 않는 건기에는 물이 부족한 사막이 된다. 갈라파고스 제도는 화산이 폭발하여 마그마가 굳어 형성된 화산섬이라서 섬을 이루는 바위에 구멍이 많고, 비가 지하수의 형태로 빠르게 바다로 흘러 들어가게 된다. 건조 지대에서는 비가 오랫동안 오지 않아도 견딜 수 있는 선인장이 자생한다. 갈라파고스 제도에서 내리는 비는 주로 고지대에서 내린다. 수증기를 담고 있는 구름이 무역풍에 의해 갈라파고스섬을 타고 고지대로 올라가게 되면, 단열팽창에 의해 구름의 온도가 낮아져 비가 내리게 된다. 고지대가 있는 섬도 있고, 없는 섬도 있다. 에스파뇰라섬과 같이 만들어진 지 오래되고 가라앉은 섬들과 작은 섬들은 고도가 낮아 고지대를 가지고 있지 않다. 고지대에서는 일 년 내내 초록색의 풀들이 자랄 수 있을 정도로 비가 충분히 내린다. 덩치가 크고 배가 고픈 거대 거북이 우기가 끝나 저지대의 건조 지대에서 더 이상 먹이를 찾을 수 없으면 고지대로 풀을 뜯어먹으러 올라오기도 한다.

발트라섬의 건조 지대의 풍경. 건기에는 황무지처럼 보이지만, 비가 오는 우기가 되면 사진의 앙상한 나무들은 나뭇잎의 초록색으로 풍성해진다. 사진에 보이는 나무들은 남미와 갈라파고스에 서식하는 팔로 산토(Palo Santo, *Bursera graveolens*) 나무들로 건기에는 앙상하게 하얀 가지만 남지만, 비가 오면 금방 나뭇잎들이 자라나 초록색이 된다.

갈라파고스 제도를 상징하는 생명체를 떠올린다면 갈라파고스 핀치새, 거대 거북이나 바다이구아나 등 주로 동물들을 떠올린다. 하지만 갈라파고스 제도에 서식하는 식물도 육상 동물 못지않게 역시 중요하다. 식물이 갈라파고스 제도에 먼저 뿌리를 내리지 않았더라면 동물들은 먹이가 부족하여 살아남기 어려웠을 것이다. 식물은 갈라파고스 제도의 생태계 유지에 매우 중요하다. 일반적으로 식물 중에서 황무지에 가장 먼저 뿌리를 내리는 식물을 '개척자'라고 부른다. 영양분이 부족하여 생명체가 생존하기에 부적합한 맨땅에서 지의류와 같은 개척자가 자리를 잡으면 토양의 무기염류가 점차 증가한다. 다른 동식물은 개척자가 생산했던 무기염류를 섭취하며 점차 생태계가 꾸려진다. 갈라파고스 제도의 연안 지대에서는 맹그로브가 핵심종 keystone species 역할을 하고 있다. 맹그로브가 염분이 높아 다른 식물들이 살아갈 수 없는 연안 지대에 뿌리를 내리고 그늘과 먹이를 제공해주면 점차 새나 바다 생물들이 맹그로브 주변에 모인다. 시간이 흘러 충분히 새나 바다 생물이 모이면 생태계가 형성되는 것이다. 건조 지대에서도 이와 같다. 물과 흙이 부족한 건조 지대는 식물과 동물이 살아가기에 매우 열악한 환경이다. 건조 지대에서는 갈라파고스에서만 발견되는 용암 선인장 lava cactus이 개척자 역할을 하는데, 용암 선인장은 용암이 굳어 만들어진 용암 지대에 처음으로 서식하여 흙을 만들어내고,

고사리와 마찬가지로 지의류도 칼데라 주변에서 발견할 수 있었는데 저 노란색 먼지처럼 보이는 것이 유황인가 궁금해서 가까이 관찰하였더니 유황 색깔을 띤 가지 친 형태의 지의류였다.

이후 다른 식물들이 뿌리를 내릴 수 있게 한다. 또한 건조 지대에서 부채선인장 Prickly pear cactus이 없다면 핀치새를 비롯한 많은 새가 물과 먹이가 부족하여 살아남을 수 없다. 이처럼 갈라파고스 제도의 식물들은 육상 및 연안 생태계 형성에서 매우 중요하다.

갈라파고스 제도에 서식하는 식물군 분포를 본토와 비교해보면 독특하다. 갈라파고스 제도는 겉씨식물이 없고 외떡잎식물이 적다. 반대로 국화과 daisy family의 식물이 많다. 이러한 본토와의 식물 분포 차이는 갈라파고스 제도가 본토와 한 번도 연결되지 않았음을 보여주는 하나의 사례이다.

갈라파고스 식물대 Galápagos Vegetation

갈라파고스의 식물군은 고도와 식생 분포에 따라 여러 식물군으로 나눌 수 있다. 연안 지대의 바닷가에서 발견되는 식물군은 염분이 있는 환경에 적응력이 뛰어나다. 대표적으로 맹그로브가 연안 지대에 가장 흔하다. 건조 지대의 식물군은 갈라파고스 제도에서 제일 넓은 면적을 차지하고 있는 식물군이다. 연안 지대 다음으로 고도가 높은 지역이다. 갈라파고스가 적도에 있어서 갈라파고스가 모두 초록색 잎이 가득하고 기름진 환경일 것으로 생각하지만, 갈라파고스는 태평양 건조 벨트 지역 pacific dry belt zone에 있어서 매우 건조하고, 발견되는 대부분의 식물이 사막에서 발견되는 회색빛이 돌고 갈색이 가득한 식물군이다. 건조 지대에 자생하는 식물군은 가뭄과 같은 환경에서 매우 적응력이 뛰어나고 잎이 거의 없다. 이 식물군에 속하는 선인장과 잎이 작고 두꺼운 나무들은 갈라파고스 제도에서 가장 흔하게 찾아볼 수 있다.

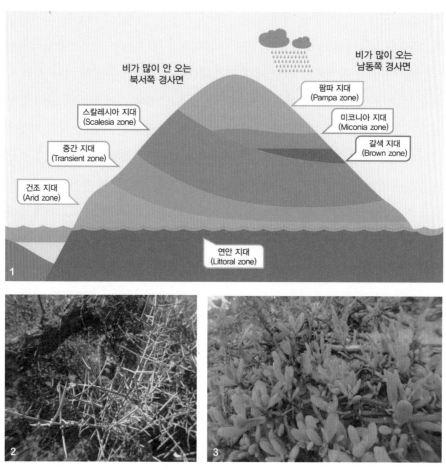

1 갈라파고스 제도의 식물대*

2, 3 이사벨라섬 푸에르토 빌라밀(Puerto Villamil) 마을에서 이사벨라 거대 거북 번식센터까지 걸어가는 도중 바닷가에서 관찰한 식물들. 사진의 쇠비름(Common purslane, *Portulaca oleracea*)과 같은 다육식물(succulent plants)들과 잎의 크기가 매우 작거나 잎이 바늘 형태인 식물들을 주로 발견할 수 있었다. 비가 거의 오지 않는 4~6개월의 건기를 견디는 동시에 적도의 강한 햇빛을 견디기 위한 저지대 식물들의 독특한 적응이라고 생각이 된다.

마지막으로 고도가 높은 고지대에서는 갈라파고스 토종 식물인 스칼레시아 _{Scalesia} 나무가 숲을 형성한다.

　이 고지대는 고도가 높고 큰 섬들에서만 관찰할 수 있다. 갈라파고스 제도 대부분 섬은 건조 지대 이상의 고도를 가지지 않는다.

　갈라파고스 제도에서 일반적인 식물대는 해발이 낮은 곳부터 연안 지대 _{littoral}

* 출처 : 갈라파고스 공식 안내 사이트 http://www.discoveringGalápagos.org.uk/tag/habitat-zone/

zone, 건조 지대 arid zone, 중간 지대 transient zone, 고지대 highland zone로 나뉜다. 고지대는 작게 3개의 식물대로 다시 나눌 수 있다. 스칼레시아 지대 Scalesia zone는 스칼레시아 나무들이 자라는 지역으로 일 년 내내 비가 내리는 고지대에 위치해 있다. 갈색 지대 Brown zone는 갈색의 착생식물 epiphyte과 이끼들이 스칼레시아 나무에 많이 붙어 있는 지역으로, 갈색의 이끼들이 많아 갈색 지대라고 불리게 되었다. 갈색 지대에는 착생 식물이 살 수 있을 만큼 스칼레시아 지대보다 비가 조금 더 많이 온다. 미코니아 지대 Miconia zone는 갈라파고스 제도에서 비가 제일 많이 오는 지대로 미코니아라고 하는 작은 관목이 주로 자라 미코니아 지대라고 이름이 붙었다. 고지대 중에서도 제일 높은 곳에 위치한 팜파 지대 Pampa zone에는 관목과 나무가 자라지 않는 대신 다양한 종류의 고사리들이 서식한다.

이사벨라섬은 다른 큰 섬들과는 다르게 일반적인 식물대를 잘 따르지 않는다. 이사벨라섬은 비교적 신생의 용암 지대 lava field가 많다. 이 용암 지대에는 여러 식생을 지지할 만큼 충분한 영양분이 부족하다. 또한 이사벨라섬의 울프 화산과 세로 아줄 화산의 해발 1,500m가 넘는 매우 높은 고지대는 저지대의 건조 지대 만큼이나 건조하다.

이사벨라 남동쪽에 있는 시에라네그라 화산의 식물대는 칼데라를 기준으로 남쪽의 스칼레시아 지대와 북쪽의 건조 지대로 나뉘게 된다. 남동 무역풍의 영향으로 남쪽에만 비가 내리기 때문이다. 화산의 북쪽으로는 스칼레시아 나무를 거의 찾아볼 수 없다. 본래 시에라네그라의 스칼레시아 지대에 분포하는 식물은 스칼레시아 코다타 Scalesia cordata로 갈라파고스 토종 식물이다. 스칼레시아는 국화과 family의 갈라파고스 고유종이다. 스칼레시아에는 15종이 포함되는데 관목 shrub이나 나무의 형태로 자란다. 스칼레시아는 다윈의 핀치와 비슷한 중요성을 가지는 흥미로운 식물로, 갈라파고스섬의 독특한 기후환경에 적응하기 위해 다윈의 핀치와 유사하게 많은 적응방산 adaptive radiation 과정을 거쳐 갈라파고스섬에서 진화하였다. 하지만 스칼레시아는 서식지 파괴로 점차 사라져 지금은 시에라네그라산의 스칼레시아 지대에서 거의 찾아볼 수 없다. 스칼레시아 코다타는 이사벨라섬 시에라네그라 화산의 남부의 고지대에 많이 분포했을 것으로 예상되지만, 이 지역은 사람이 많이 거주하면서 생태계가 심각하게 파괴됐다.

1   산타크루즈섬 고지대에서 자주 볼 수 있었던 국화과의 나무 스칼레시아. 나무로 자라나는 국화과의 식물은
      흔하지 않다. 스칼레시아 나무는 갈라파고스섬에서 볼 수 있는 진화의 흥미로운 예 중 하나이다. 다윈이 갈
      라파고스를 방문하고 나서 영국으로 돌아와 나무로 자라는 국화과의 식물을 새로이 발견했다고 보고하자 식
      물학자들은 다윈의 주장을 믿지 않았다.

2   나무의 모든 가지마다 붙어 있는 착생 식물들을 자주 볼 수 있다. 몇몇 난초들을 가끔 볼 수 있다. 난초들은
      자신의 수분을 특정한 생물에게 의존하기 때문에, 갈라파고스 제도로 홀로 정착할 수 없고 수분을 매개하는
      생물과 동시에 이주하여야만 한다. 현재 갈라파고스에 난초들이 어떻게 이주할 수 있었는지에 대해서는 잘
      알려지지 않았다.

유황 광산으로 가기 위해 절벽에서 칼데라 내부로 내려왔다. 칼데라 안에는 고사리가 널리 분포하고 있었다. 건조한 환경이라 시에라네그라 스칼레시아 지대에서 볼 수 있었던 키가 큰 나무들은 찾아볼 수 없었다.

우리가 등산했던 이사벨라섬 시에라네그라 화산은 산행을 시작하고 200m 정도에만 키가 사람과 비슷한 정도인 관목들을 드문드문 찾을 수 있었다. 그 이후로는 관목조차 찾아보기 어려웠다. 3시간 정도 산을 올랐을 때는 시야를 가로막는 나무가 없어서 시에라네그라 화산의 경치를 한눈에 볼 수 있었다. 고지대로 점차 올라갔을 때는 고사리가 많이 보였다. 나중에 유황 광산을 가기 위해 내려간 칼데라에서도 고사리가 많이 자생하고 있었다. 2005년에 화산 폭발을 해서 비교적 어린 용암 지대가 퍼져 있었는지 땅 위에 검은색이 듬성듬성 보이기도 했다.

연안 지대

우리는 이사벨라섬에서 잔잔한 햇살이 비치는 바닷가에서 걷기 시작했다. 습지대로 향하는 중 아름다운 해변에서 바다이구아나를 마주칠 수 있었다. 우리가 바다이구아나에게 가까이 다가갔는데도 바다이구아나들은 우리를 경계하거나 도망

가지도 않고 묵묵히 자리를 지킨 채 일광욕을 하고 있었다. 야생 동물들이 인간을 두려워하지 않고 피하지 않는 광경은 특이했다. 이러한 특이함은 아마 갈라파고스에 있는 야생동물을 보호하려는 노력의 결과일 것이다. 갈라파고스 제도를 방문하는 관광객들은 야생동물을 만지는 행위는 물론, 야생동물에게 2m 이상 다가가거나 먹이를 주는 행동도 금지되어 있다. 이러한 노력을 이구아나들이 아는 것인지 이구아나는 사람을 위험하다고 생각하지 않는 듯했다.

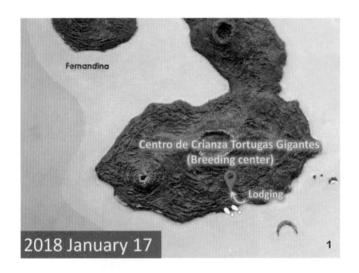

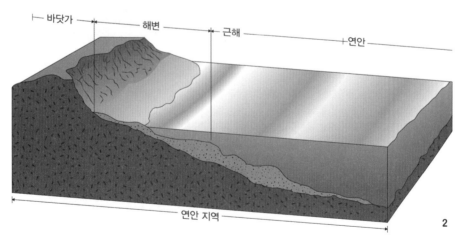

1, 2 littoral zone의 일부인 해안가를 걸으면서 바다 생태계를 관찰했다.*

* 출처 : https://en.wikipedia.org/wiki/Littoral_zone

1 해안가에서 살펴볼 수 있었던 바다이구아나. 사람을 전혀 신경 쓰지 않았다.

2 바다이구아나는 건기인 12월부터 3월까지 짝짓기 시기이다. 1월부터 4월에는 짝짓기를 마치고 둥지를 짓는다. 해양 생태계가 활발해지는 건기가 시작하면, 수컷 바다이구아나는 짝짓기를 준비하기 위해 피부의 색깔이 초록색과 분홍색으로 화려해진다.

3 연안 지대에서 포착된 멸종 위기종인 용암갈매기(Lava Gull)를 관찰하고 있는 학생. 용암갈매기는 갈라파고스 제도에서만 발견할 수 있는 갈매기의 한 부류로, 2015년에 추정치로 300~600마리 정도 남아 있는 것으로 알려져 있다.[*]

4, 5 이사벨라섬의 해안가에서 포착된 어린(juvenile) 갈색사다새(Brown Pelican, *Pelecanus occidentalis*). 배 부분의 깃털색이 진하고 머리 부분의 깃털색이 노란색 또는 하얀색인 성인 갈색사다새와 달리 어린 갈색사다새는 배 부분의 깃털색이 연하고 머리 부분의 깃털색이 갈색이다. 갈색사다새는 바닷속에 잠수를 하며 물고기를 사냥한다. 갈색사다새는 적도 근처의 남미와 미국의 해안지역에서 발견되며, 갈라파고스에서 상시 거주하며 번식하는 새이다.

---

[*] 참고문헌 : Grant, K.T.; Estes, O.E.; Estes, G.B.(2015). Observations on the breeding and distribution of Lava Gull Leucophaeus fuliginosus, Cotinga 37, 22-37.

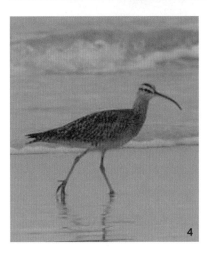

1, 2 이사벨라섬의 해안가에서 포착된 제비갈매깃과에 속하는 검은제비갈매기(Brown noddy, *Anous stolidus*). 진한 검은색의 깃털이 인상적이다. 2 날기 시작하는 검은제비갈매기의 모습. 검은제비갈매기는 열대성 바닷새로 갈라파고스, 하와이, 호주, 카리브해 등 따뜻한 기후를 가지는 지역에 전 세계적으로 분포한다. 번식기마다 암컷과 수컷 한 쌍이 알을 딱 하나만 낳은 뒤, 둘이 번갈아가며 한 달간 알을 품는다. 태어난 지 한 달이면 부모만큼 자라서 날 수 있게 된다. 바닷물 위를 날며 작은 물고기와 연체동물을 사냥해 먹는다.

3 연안 지대에서 먹이활동을 하고 있는 새들을 관찰하고 있는 학생들

4 이사벨라 해안가에서 우리가 관찰한 중부리도요(Whimbrel, *Numenius phaeopus*). 해안가를 유유히 걷고 있다. 뾰족한 부리로 진흙 안의 먹이를 찾는 모습을 관찰했다. 중부리도요는 아프리카, 아시아, 아메리카대륙, 호주의 해안가에서 널리 발견이 되는 철새로, 북미와 북유럽의 추운 툰드라에서 알을 낳아 새끼를 기르고 나서 툰드라의 추운 겨울을 피해 갈라파고스와 같이 따뜻한 바닷가로 이주를 하는 새이다.*

---

* 참고자료 : (2012). Numenius phaeopus: BirdLife International. IUCN Red List Of Threatened Species.

1, 2 이사벨라 푸에르토 빌라밀 항구 마을 주변의 늪지대에서 관찰한 장다리물떼새(Black-winged stilt, *Himantopus himantopus*). 장다리물떼새는 30~40cm의 긴 분홍색 다리를 가지고 있고, 긴 다리를 활용해 얕은 연못과 늪지대에서 걸어 다니며 물속에 있는 작은 곤충이나 갑각류 등을 먹이로 찾는다. 중부리도요와 비슷한 모양의 부리를 가졌지만, 진흙이 아닌 물속에서 먹이를 찾는 점이 다르다. 장다리물떼새는 중부리도요처럼 장거리 이동을 하는 철새는 아니며, 연못이나 늪지대 근처 평평한 곳에 둥지를 틀어 번식한다.

3, 4 이사벨라의 푸에르토 빌라밀 항구 근처에 있는 라스틴토레라스섬에 탐사를 다녀오는 중 맹그로브 위에 앉아 있는 그레이트블루헤론(Great blue heron, *Ardea herodias*). 그레이트블루헤론은 물고기가 있는 물가라면 어디든지 서식할 수 있는 적응력이 매우 뛰어난 새이다. 바닷가 근처나 습지가 있는 북아메리카와 남아메리카, 카리브해와 갈라파고스 군도에 서식한다. 사진으로 포착된 모습은 목을 S자로 굽혀 움츠린 모습인데 비행하거나 물고기를 사냥할 때처럼 목을 완전히 펴면 꼬리부터 머리까지가 1m가 되는 상당히 큰 새이다.

1 이사벨라섬 푸에르트 빌라밀 마을 근처 늪지대에서 포착한 눈에 띄는 부리와 다리색을 가진 새. 두루미목 뜸 부기과 쇠물닭속의 새(Common gallinule, *Gallinula galeata*), 아메리카 쇠물닭으로 갈라파고스 제도에서 새 끼를 낳으며 서식 중인 것으로 보인다. 아메리카 대륙에서만 서식하는 이 쇠물닭 종은 아마존 열대우림과 추 운 캐나다 북부지역을 제외한 아메리카 대륙 전체에서 발견할 수 있다. 이 쇠물닭과 유연관계가 가까운 유럽, 아프리카와 아시아에 서식하는 다른 쇠물닭(Common moorhen, *Gallinula chloropus*)은 한국에서도 가끔 관 찰된다. 이름에서 알 수 있듯이 이들은 물위를 떠다니는 닭이다. 오리처럼 습지와 강물 위를 떠다녀 오리로 착각하는 경우가 많다. 자세히 보면 부리가 넓은 오리와 달리 쇠물닭은 닭과 같이 부리가 뾰족하기 때문에 오리와 쉽게 구별이 가능하다. 수풀이 우거진 습지에 서식하며, 습지의 작은 동물들을 잡아먹기도 하고 초식 을 하기도 하는 잡식성 새이다. 둥지는 수풀이 우거져 눈에 잘 띄지 않는 장소에 만들며, 매년 번식기가 시작 되면 한 번에 약 8개의 알을 낳아 3주간 알을 품는다. 이후 수컷 새와 암컷 새 둘 다 약 2달간 새끼들이 독립 할 수 있을 때까지 새끼들을 키운다. 흥미롭게도 위협을 받았을 때 새끼들은 부모의 몸에 꽉 달라붙는데, 부 모는 새끼들과 함께 날아서 위험으로부터 도망간다.*

2, 3 이사벨라섬 푸에르트 빌라밀 마을 근처 늪지대에서 포착한 목에 목도리를 두른 듯한 새. 물떼새아과의 새 (Semipalmated Plover, *Charadrius semipalmatus*)로, 알래스카와 캐나다 북부에서 둥지를 틀며, 추운 겨울 을 피해 남미와 갈라파고스로 이주를 하여 여름을 보내는 철새이다. 낮의 해변가에서 작은 벌레와 같은 먹이 를 찾아다니고 있다.

---

* 참고자료 : Mann, Clive F. (1991). "Sunda Frogmouth *Batrachostomus cornutus* carrying its young" (PDF). Forktail. 6: 77-78.

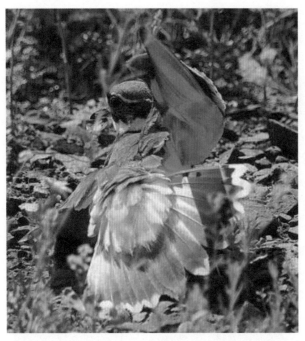

똑같이 아메리카 대륙에서 발견되며 유연관계가 가까운 킬디어(Killdeer, *Charadrius vociferus*)는 둥지에 있는 새 끼가 포식자에 의해 위험에 처했을 때 일부러 날개가 부러진 척을 하며 포식자를 자신에게 유인하는 행동(broken wing display)을 하는 것으로 유명한데, 이 물떼새아과의 새도 새끼가 위험에 처했을 때 비슷한 행동을 한다고 한다.*

우리는 이사벨라섬의 연안 지역의 생태계를 생생하게 살펴볼 수 있는 염습지 salt march로 이동했다. 1km 정도로 달하는 습지대 나무들을 사용해 만들어진 탐방로가 이사벨라섬의 해변에서부터 이사벨라 갈라파고스 거대 거북 번식센터까지 이어 져 있었다. 우리는 이 탐방로를 따라 걸으며 염습지에 서식하는 다양한 생물들을 관찰할 수 있었다.

맹그로브

갈라파고스 제도를 이루는 섬들의 거의 모든 연안에서 찾을 수 있는 맹그로브 Galápagos mangroves는 염분에 강한 나무로 바닷물에 둥둥 뜨는 씨앗을 통해 대륙에서 섬으로, 섬에서 섬으로 퍼질 수 있다. 갈라파고스 맹그로브는 블랙 맹그로브 black mangrove, 레드 맹그로브 red mangrove, 화이트 맹그로브 white mangrove 그리고 버튼 맹그

* 출처 : 위키피디아 공용미디어, 라이센스CC BY-SA 3.0

1   멀리서 본 맹그로브. 연안에서 가장 많이 볼 수 있는 나무다. 해변과 바다 바닥에 뿌리를 내리고 있다.

2   라스틴토레라스섬에서 포착한 막 뿌리를 내린 맹그로브 묘목. 맹그로브가 내리는 뿌리들은 자연 방파제 역할을 해서 강한 파도로 인한 해안침식의 속도를 늦추고, 물고기의 산란지로 기능하는 등 많은 해양 생물들의 보금자리가 되어준다.

3   해안가에서 본 맹그로브. 나무에 이따금 보이는 노란색 잎은 염분을 가득 포함한 채로 떨어진다. 염분이 있는 환경에서 사는 맹그로브가 염분 처리를 하는 방식 중 하나다.

4   버튼 맹그로브와 그 열매들. 버튼 맹그로브의 열매는 레드 맹그로브와 다르게 동그랗고, 작은 돌기들로 덮여 있다.

로브 button mangrove가 있다. 블랙 맹그로브의 열매는 끝이 뾰족한 화살촉 같은 모양을 하고 있다. 레드 맹그로브의 열매는 나무에서 떨어지기 전부터 길게 뿌리가 자라나기 때문에 길쭉한 형태이다. 버튼 맹그로브 열매는 동그란 형태에 철퇴처럼 쭈글쭈글한 모양이다. 갈라파고스 군도에서 제일 자주 볼 수 있는 맹그로브의 종류는 레드 맹그로브이다. 맹그로브 숲은 해양 생태계에서 막중한 임무를 가지고 있다. 맹그로브 숲은 맹그로브에서 바닷물로 떨어지는 나뭇잎은 바닷물에 질소 영양분을 공급하는 주된 공급원 중 하나로, 연안 지역의 물고기와 많은 해양 생물들의 먹이가 되는 식물성 플랑크톤의 성장에 중요한 기여를 한다. 또 맹그로브 숲은 물고기, 조류, 거북이와 같은 해양 생물들의 번식지이자 휴식처이다.

　　맹그로브는 염분이 낮은 물을 접하기 어려운 환경에 서식하기 때문에 맹그로브

는 생존을 위해 이 환경에 적응해왔다. 맹그로브는 각각 염분을 처리하는 기술이 조금씩 다르고, 씨의 모양도 다 각자 다르다. 갈라파고스 맹그로브는 뿌리와 염분을 걸러내는 기술 덕분에 일반적인 나무가 견딜 수 있는 염분량의 100배까지 염분을 견딜 수 있다.

자연적인 방파제로 불리는 맹그로브들의 뿌리는 거센 파도를 효과적으로 부술 수 있도록 거미줄처럼 복잡하게 얽혀 있다. 또한 조수 간만의 차에 적응하여 수면 위로도 높이 솟아 있다. 맹그로브의 뿌리들은 일반적인 나무들의 뿌리와 달리 주변의 공기로부터 산소를 직접 흡수할 수 있다. 맹그로브 뿌리에는 미세한 구멍이 있어서 산소를 흡수할 수 있다. 진흙이나 물에 산소가 거의 없을 때, 맹그로브는 수면 위로 올라와 하늘을 향하고 있는 뿌리에서 산소를 흡수한다.

염분이 높은 물에서 살아남기 위한 두 번째 방법으로 맹그로브는 매우 높은 농도의 소금을 걸러내는 여러 여과 시스템을 활용한다. 화이트 맹그로브는 소금을 배출하는 샘으로 염분을 배출한다. 레드 맹그로브는 뿌리에 있는 여과기관으로 주변에 있는 97%에 가까운 소금을 걸러낸다. 바닷물에 잠겨 있는 뿌리는 물만 통과시키고 소금에 대해서는 통과시키지 않는다. 맹그로브는 특정 잎에만 소금을 모으고 나서 그 잎을 떨어뜨려 염분을 배출한다. 우리는 바닷물에서 떨어진 노란 맹그로브 잎을 자주 볼 수 있었는데 이것이 바로 소금 함량이 높아서 떨어진 맹그로브 잎이다. 맹그로브의 잎은 두껍게 코팅이 되어 있어 잎에서 증산작용을 통해 증발하는 물의 양을 줄일 수 있다. 또 맹그로브는 잎에 여과 시스템을 거친 깨끗한 물을 보관한다.

플라밍고

우리가 플라밍고 Flamingo를 마주쳤을 때, 우리는 플라밍고의 아름다움에 입이 쩍 벌어졌다.

"우와 정말 예쁘다."

1   한쪽 다리를 올리고 휴식을 취하고 있는 플라밍고
2   잠을 자는 플라밍고. 플라밍고는 잠을 잘 때 머리를 한쪽 날개 아래에 넣는다.
3   먹이를 먹고 있는 플라밍고 한 쌍. 연분홍색을 띠고 있다.

우리도 모르게 플라밍고의 아름다움에 감탄이 나왔다. 플라밍고는 열심히 염습지의 물속에서 먹이를 열심히 찾아서 먹고 있었다. 어린 플라밍고는 하얀색 내지 회색의 깃털 색깔을 가지고 있다. 플라밍고의 주식은 염분이 있는 물에서 자라는 아르테미아 새우 *Artemia salina*이다. 한국에서는 브라인슈림프 Brine shrimp로도 알려져 있는 아르테미아 새우는 밝은 붉은색의 색깔을 띤다. 성숙한 플라밍고는 아르테미아 새우를 섭취하며 얻는 붉은 색소를 깃털에 축적하여 밝은 붉은색 깃털을 얻게 된다.

우리는 쌍안경으로 플라밍고를 자세히 관찰하였다. 플라밍고는 S자의 목과 밝은 노란색의 눈을 가지고 있었다. 다리는 어찌나 길고 얇은지 부러지지 않을까 걱정이 들 정도였다. 과거에 에콰도르 사람들이 태평양 연안에 새우 농장을 지었는데, 이로 인해 플라밍고의 서식지인 염습지가 파괴되어 개체 수가 급감했다는 안타까운 이야기를 에콰도르 출신의 가이드에게서 들을 수 있었다.

맹그로브 농게

탐방로를 따라 염습지를 탐사하던 도중, 썰물로 인해 드러난 갯벌을 볼 수 있었다. 갯벌에 서식하는 생물들을 방해하지 않기 위해 우리는 탐방로 위에서 발소리를 내지 않고자 노력했다. 우리가 조심히 걸어가면서 갯벌 바닥에서 찾을 수 있었던 것은 맹그로브 농게 Mangrove Fiddler Crab였다. 농게는 엄지손가락 정도로 크기가 작았다. 농게는 작은 소리에도 쉽게 놀라 땅속으로 들어가 버린다. 우리는 안간힘을 써가며 최대한 발소리를 줄이려 했지만, 우리가 오자마자 맹그로브 농게는 땅속으로 숨어 들어가 버렸다. 농게의 영어 이름은 'fiddler crab'인데, 여기서 'fiddler'는 바이올린 연주자라는 의미가 있다. 수컷 농게가 집게발을 들고 내리는 모습이 바이올린을 켜는 동작과 비슷하다고 해서 fiddler crab이라고 부른다. 수컷 농게는 오른쪽 또는 왼쪽에 자신의 몸체만큼 커다란 집게를 가지고 있다. 암컷 농게는 수컷 농게가 가지고 있는 커다란 집게발이 없다. 이렇게 암컷과 수컷이 다른 형태로 발생하는 것을 성적 이형성 sexual dimorphism이라고 부른다. 수컷 농게가 가지고 있는 큰 집게는 방어용으로 사용되고, 짝짓기 기간 중에 암컷의 관심을 끄는 데도 사용된다. 농게는 갯벌 생태계에서 매우 중요한 역할을 담당한다. 갯벌의 진흙 속에는 수많은 미

이사벨라섬의 해안가 갯벌에서 발견된 농게

생물이 살고 있는데, 이들은 갯벌 생태계의 영양분 순환 nutrient cycling에 큰 기여를 하고 있다. 농게가 갯벌에 파놓은 수많은 구멍들은 갯벌의 진흙 깊은 곳까지 산소를 공급해주어 진흙 속의 미생물들이 물질대사 활동에 산소를 사용할 수 있게 한다 Booth et al., 2019. 농게는 우리나라의 서해안 갯벌에도 많이 서식하고 있다고 알려졌지만, 간척사업 이후로 개체 수가 줄었다고 한다.

중간 지대

우리는 연안 지대와 건조 지대의 중간 지점에 도착했다. 습지대를 넘어서서 섬의 중앙을 향하는 방향으로 이동하니 울창한 숲이 보이기 시작했다. 마치 한국의 산에서 흔히 볼 수 있는 숲과 유사했다. 한 가지 차이점은 나뭇잎이 적고 가지만 앙상하게 남아 있었다. 우리가 갈라파고스를 방문한 1월 초는 6개월간의 갈라파고스의 건기가 끝나고 우기가 시작되는 시점이었다. 고도가 낮은 연안 지대와 건조 지대에는 건기 동안 비가 내리지 않는다. 지난 6개월 동안 비가 내리지 않은 것을 증명이라도 하듯 숲의 바닥은 바싹 마른 나뭇잎들로 덮여 있었고 풀 하나 찾아보기 힘들었다.

1 연안 지대와 건조 지대 사이의 울창한 숲

2, 3 연안 지대가 끝나고 건조 지대가 시작하는 지역에 위치한 숲에서 발견한 핀치새. 검은 부리와 회색 깃털 색을 보면 성숙해가는 수컷으로 보인다.

4, 5, 6 숲에서 발견한 참새목에 속하는 노랑아메리카솔새(Yellow warbler, *Setophaga petechia*). 북미 전 대륙과 갈라파고스를 포함한 남미의 북쪽 일부분에 서식하는 서식 범위가 매우 넓은 새이다.

만치닐 나무

만치닐 나무 Manchineel tree, *Hippomane mancinella* 또는 독 사과 poison apple 나무는 기네스북에 등재된 세계에서 제일 위험한 나무이다. 갈라파고스를 포함한 아메리카의 연안과 습지에서 맹그로브와 같이 섞여서 자라며, 작은 사과 모양의 열매를 맺는다. 나뭇잎을

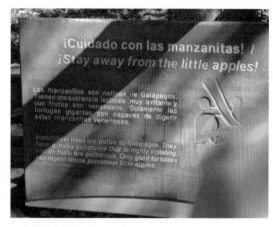

독 사과의 위험을 알리는 팻말

포함한 나무의 모든 부위에 독성이 있으며, 한국의 옻나무와 같이 나무가 상처를 입었을 때 나오는 수액이 제일 독성이 강하다. 염증 반응을 일으키는 효소 PKC를 활성화하는 포볼 에스터 phorbol ester 가 독성의 주요 성분이다. 독 사과를 실수로 먹었을 경우, 처음에는 단맛이 나지만, 조금 뒤에 매운 맛이 느껴지고 목이 타는 듯한 고통과 함께 음식을 삼키기 힘들 정도로 부어오르게 된다. 독 사과 나무가 피부에 닿았을 때 과민 반응이나 염증을 유발할 수 있으니 주변에 있을 때 조심해야 한다. 갈라파고스 거대 거북과 육지이구아나는 독 사과를 먹을 수 있다. 건기에는 독 사과도 소중한 음식이 될 수 있기 때문에 먹을 수 있도록 진화를 한 것으로 보였다.

건조 지대

섬의 중앙을 향하는 방면으로 더 올라가자 울창했던 수목들이 듬성듬성해지더니 어느새 황량한 회색빛 암석만 보이기 시작했다. 이사벨라섬은 풍화작용이 아직 많이 일어나지 않아서, 토양이 흙이 아니라 현무암질 암석으로 뒤덮여 있었다. 현무암질 암석으로 덮인 땅은 우기에 비가 오더라도 물을 저장할 수 없다. 뜨거운 태양열에 부족한 물까지, 생명체에게는 정말 악조건임이 틀림없다. 울창하던 맹그로브 숲의 생명력은 더 이상 느껴지지 않았다. 강렬한 햇볕을 막아주던 숲이 사라지니 햇볕이 따갑게 느껴졌다. 등은 햇볕 때문에 따갑고 바닥의 검은 암석에서 올라오는 열기에 우리는 점차 지쳤다. 걷는 길목마다 흔하게 보이는 죽은 선인장이 이러

한 악조건을 잘 보여주는 것 같았다. 마치 우리에게 빨리 이곳을 벗어나라고 경고하는 것처럼 느껴졌다.

1   건조 지대의 도입부. 건조 지대로 넘어오자 울창한 수목들이 줄어들었다.
2   건조 지대의 척박한 토양. 물이 부족하여 생명체가 생존하기 어려운 환경이다.

그런데도 이러한 악조건에서 살아남는 선인장이 역시 꽤 있다. 악조건에 적합했던 선인장이 버틴 것일까. 수많은 선인장 중에 건조한 환경에 적합한 선인장이 살아남을 것이고, 살아남은 선인장의 자손 중 또다시 건조한 환경에 적합한 선인장이 살아남을 것이다. 끊임없는 자연선택으로 결국 진화가 이루어져 건조한 환경에도 불구하고 살아남은 생명체가 존재하게 된다.

이사벨라 내륙지역에서 마그마의 흔적을 찾을 수 있었다. 이사벨라 내륙지방의 토양은 모두 회색빛이었고 마그마가 흘러간 흐름 그대로 굳어 있었다. 길을 지나가면서 구멍이 송송 보이는 암석들도 보였다. 화산활동에 의해 만들어진 지 백만 년 정도밖에 되지 않은 이사벨라섬의 건조 지대는 아직 용암이 굳어 만들어진 벌판에 가까워 흙이 많이 없고, 식물들이 뿌리를 내리기 어렵다. 건조 지대에 서식하는 식물도 갈라파고스의 바다이구아나처럼 독특하게 진화했다. 우리는 암석지대에서 몇몇 선인장들과 갓 뿌리를 내린 어린 선인장을 가끔 볼 수 있었다. 우리는 반나절 동안 이들을 슬쩍 관찰하거나 신기하게 쳐다보며 지나가는 것이 전부였지만, 선인장들은 하루하루를 삶과 죽음의 갈림길에서 고군분투하고 있을 것이다. 그들의 강인한 생명력에 찬사를 표한다. 작은 선인장마저 작은 거인처럼 느껴진다.

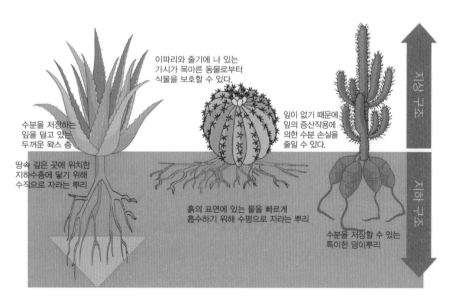

건조 환경에 적응한 식물들의 뿌리*

* 자료 : https://kids.frontiersin.org/article/10.3389/frym.2017.00058

건조 지대에 뿌리를 내린 벼목 사초과의 식물. 강인한 생명력이 느껴진다.

　사초과 Cyperaceae의 식물들은 적응력이 강해 영양분이 빈약한 토양에서도 잘 자라고 습지에서도 잘 자란다. 사초과의 식물들은 일반적으로 줄기가 삼각형 모양이며, 이파리도 3개씩 대칭적으로 나와서 쉽게 구분할 수 있다.

갈라파고스 부채선인장

갈라파고스 제도의 고유종인 부채선인장 Galápagos prickly pear은 이 어려운 환경에서 화성암 벌판에 뿌리를 내려 살아남는다. 선인장은 건조한 기후에 적응한 대표적인 식물이다. 선인장의 널리 알려진 특징 중 하나가 증산작용을 줄이기 위한 가시 형태의 잎이다. 이 외에도 선인장은 다른 식물과 달리 뿌리를 땅속에 깊지 않고 넓게 퍼트린다고 한다. 건조 지대에 비가 왔을 때 토양의 표면에 있는 수분을 최대한 흡수하기 위함이다. 갈라파고스 부채선인장은 건조 지대에서 유창목 등의 다른 건조 지대에 서식하는 생물들과 섞여서, 모여서 혼자 숲을 이루고 있었다. 우리는 1m가 채 안 되는 어린 부채선인장들을 선인장 숲의 가장자리에서 찾을 수 있었다. 아직 작고 연한 줄기를 가지고 있기 때문에 수많은 기다란 가시로 자신을 보호하고 있었다. 이런 어린 선인장들이 뿌리를 내리는 모습이 대견스럽게 느껴졌다. 선인장은 건조 지대에 서식하는 핀치새, 육지이구아나, 갈라파고스 거대 거북과 같은 동물에게 물과 음식의 공급원이다. 건조 지대에 선인장이 없다면, 건조 지대에 사는 동물들은 먹이 부족으로 살아남지 못했을 것이다. 우리는 선인장 위에 도도하게 앉아 있는 선인장 핀치새 *Geospiza scandens*를 발견했다. 핀치새는 선인장의 꽃을 먹이로 삼으면서 선인장의 수분 pollination을 도울 것이다. 생존하기 힘든 험난한 환경에서 핀치새와 선인장의 공생관계를 조용히 지켜보았다.

선인장 핀치새가 활짝 핀 선인장 꽃에서 먹이를 먹고 있다.
1   수컷 선인장 핀치새가 다 자라면 검은색 부리와 검은색 깃털을 가진다. 핀치새 아래에 선인장 꽃봉오리가 개화를 준비하고 있다.
2   암컷 또는 어린 수컷 핀치새는 깃털이 갈색이고 부리는 노란색이다. 선인장 핀치새는 꽃을 한쪽 발로 열어 부리로 꿀을 먹고 있다. 완전히 꽃이 열리지 않으면 암술이 핀치새의 눈에 닿아 핀치새가 먹기에 불편하다.

핀치새의 일종인 *Geospiza conirostris* catus finch와 *Geospiza scandens*는 부채선인장 *Opuntia helleri* catus의 꿀과 꽃가루를 먹으면서 꽃의 수분을 돕는다. 핀치새는 선인장의 수분만 도와줄 뿐만 아니라, 종자가 주변에 퍼지도록 도움을 주기도 한다. 핀치새는 선인장의 씨도 먹는데, 핀치새가 선인장의 단단한 열매를 씨앗을 먹기 위해 깨뜨리는 과정에서 선인장의 종자가 퍼지게 된다.

그러나 다윈의 핀치새 연구로 명성 있는 B.R. Grant와 P.R. Grant의 연구에 따르면, 핀치새와 선인장이 항상 도움만 주고받는 것은 아니다. 먹이가 부족해지는 건기 dry season가 되면 아직 덜 자란 꽃봉오리를 강제로 열어서 꽃의 암술머리 stigma를 파괴하여, 그 속에 있는 꽃가루 pollen를 먹는다. 핀치새가 꽃가루를 먹는 과정에서, 약78%의 확률로 꽃의 암술머리나 암술대를 파괴한다. 암술머리가 파괴된 꽃은 꽃가루를 받아들일 수 없어 더 이상 열매를 맺지 못하게 된다. 선인장의 씨는 먹이가 부족한 건기에 핀치새에게 중요한 먹이 공급원인데, 핀치새가 조급하게 아직 열리지 않은 꽃을 열어 꽃가루를 먹고자 하는 시도가 미래의 먹이 수를 스스로 줄여나가는 결과를 초래하게 된다. 또한 열리지 않은 꽃을 강제로 열어 꽃가루를 먹고자 하는 행동은 궁극적으로 선인장의 개체 수 감소로도 이어져서 선인장 핀치새의 서식지도 줄어들게 된다. 핀치새의 먹이와 서식지 감소는 곧 핀치새의 개체 수 감소를 의미한다. 핀치새는 강제로 꽃봉오리를 열어 먹이를 섭취하는 행동을 통해 단기적으로는 이득을 얻을 수 있다. 하지만 장기적으로 집단의 개체 수가 감소하는 결과를 가져오게 된다.

개화 시기가 되면 부채선인장은 노란색의 아름다운 꽃을 계속 피워낸다. 꽃은 낮에 열리고 밤에 닫히는데, 아침 일찍 다른 선인장 핀치들보다 먼저 꿀과 꽃가루를 먹고 싶어 하는 선인장 핀치가 억지로 꽃을 열어 꿀과 꽃가루를 먹으려고 하면, 2와 3에서 볼 수 있는 가운데의 커다란 암술이 자꾸 얼굴에 불편할 정도로 닿게 된다. 결국 선인장 핀치는 이 암술을 잘라내는 선택을 대부분 하게 된다. 하지만 암술을 잘라내면 선인장 핀치가 먹을 수 있는 씨앗이 생길 수 없어 개화기가 끝난 뒤 먹을 수 있는 식량이 줄어들고, 부채선인장도 번식에 힘들어지게 된다. 눈앞에 보이는 이익에 눈이 가려 장기적인 손해를 보지 못할 수 있다는 것이다.

1 어린 갈라파고스 부채선인장(Galápagos prickly pear)이 자라나는 모습

2 부채선인장의 다 자란 모습. 예쁜 노란색의 선인장 꽃이 여러 군데에서 피어나고 있다.

갈라파고스 목화와 갈라파고스의 새들

갈라파고스 목화 Galápagos cotton 는 다윈의 목화라고도 불리는 갈라파고스 고유종이다. 갈라파고스 목화의 이파리는 세 갈래로 나누어지며, 건조 지대에서 3m 정도 높이로 자라난다. 갈라파고스에서는 목화를 옷감을 위해 재배하여 기르지 않지만, 작은 새들은 목화를 둥지를 짓는 재료로 사용한다.

1 갈라파고스 핀치새와 갈라파고스 흉내지빠귀(Galápagos mockingbirds)새가 둥지를 짓는 데 사용하는 갈라파고스 목화의 열매가 많이 열려 있다. 목화의 섬유는 목화 씨앗을 감싸기 때문에 과일로 분류된다. 목화 열매들의 뒤로 노랑아메리카솔새가 살짝 보인다.

2 갈라파고스 목화가 높이 자라서 노란색의 예쁜 꽃을 피워놓았다.

갈라파고스 목화는 어떻게 갈라파고스로 유입되었을까? 갈라파고스 목화는 아메리카 대륙의 목화와 가까운 유연관계가 있다. 갈라파고스 목화의 씨는 10주 이상 바다를 떠다니며 뿌리를 내릴 곳을 찾으며 돌아다닐 수 있다. 이를 고려했을 때, 갈라파고스 목화씨는 충분히 갈라파고스 제도에 여러 가지 방법으로 유입되었을 수 있다. 과거에 선조 갈라파고스 목화씨가 바다를 둥둥 떠다녀서 우연히 갈라파고스에 도착했거나, 새가 목화씨를 운반했거나, 또는 바람을 타고 씨가 갈라파고스에 내려앉았을 수 있다.

1 이사벨라섬과 **2** 산타크루즈섬에서 포착한 한 갈라파고스 흉내지빠귀 아종(Galápagos Mockingbird, *Mimus parvulus parvulus*)새. 이 아종은 산타크루즈섬, 이사벨라섬, 페르난디나섬(Fernandina), 데프니메이저섬에 서식한다. 두 흉내지빠귀 사진들을 자세히 비교해보아도 눈에 띄는 차이를 찾을 수가 없어 보인다. 다윈은 갈라파고스에 도착했을 때 핀치새와 함께 흉내지빠귀새들을 수집했다. 수집 당시에는 생물들의 형태가 가까이 있는 섬들 사이에서 다를 것으로 생각하지 않았지만, 영국으로 돌아오고 나서 몇몇 섬들의 흉내지빠귀가 조금씩 다르다는 사실을 알게 되었다. 네 종의 갈라파고스의 흉내지빠귀 아종들은 모두 갈라파고스 고유(endemic)종들이다.

비가 오면 갈라파고스 목화는 밝은 노란색 꽃을 활짝 피운다. 목화꽃이 활짝 피면 갈라파고스 핀치새와 갈라파고스 흉내지빠귀 Mockingbirds가 목화로 둥지를 짓는다. 이들은 소리를 이용해서 자신의 영역을 다른 새에게 알리는데, 신기하게도 사람이 새가 우는 것처럼 그 소리를 흉내 낼 수 있다. 가이드가 "추춥추춥추춥추춥"이라고 소리를 내자 새들이 삼삼오오 모였다. 아마 우리의 인기척을 느끼고 몸을 숨겼던 새들이 하나둘씩 모이는 것 같았다. 더 놀라웠던 것은 주변에 여러 종의 새가 있었을 텐데, 흉내지빠귀 새만 모였다는 것이다.

　조류학자는 오래전부터 새의 노래가 새마다 차이가 있다는 것을 알았다. 이 사실을 신기하게 생각한 조류학자는 음성 분석 기술 analysis of spectrograms로 새의 노래를 분석했다. 부모의 노래는 자식의 노래와 같았다. 즉, 새의 노래는 부모로부터 학습함을 알아냈다. 새마다 조금씩 노래가 다를 뿐만 아니라, 사람의 언어에 방언이 있어서 지역마다 언어가 다른 것처럼 새의 노래가 지역 간에도 차이가 있었다. 이런 지역에 따른 새의 노래 차이는 지역 간의 새의 배타성을 만들어낸다. 새의 노래가 이질감이 느껴질 정도로 다르면 서로 교배를 하지 않는다. 지역 간의 차이가 오랜 시간이 흘러서 커지면 종 분화로 이어질 가능성이 생기게 된다.

이사벨라섬에서 관찰한 갈라파고스 해양 생태계

연안 생태계를 직접 관찰하다

우리는 갈라파고스 제도의 독특한 바다 생태계를 살펴보기 위해 바다 안으로 직접 들어갔다. 바다를 관찰하기 위해 우리는 스노클링을 준비했다. 우리는 스노클링 장비를 갖추고 바다로 이동했다. 우리는 갈라파고스 바다를 두 눈으로 실제로 볼 수 있다는 환희에 가득 찼다. 기대 반과 걱정 반. 어느덧 연안 근처에 도착했고 바닷속으로 들어갈 준비를 마쳤다. 한 발자국만 더 앞으로 나가면 발이 닿지 않는 깊은 바다에 들어가게 된다. 인생에서 처음 해보는 스노클링, 이보다 더 긴장되는 순간이 없다. 바다에 나갔다가 못 돌아오는 사람들의 이야기가 떠오르며 신경이 곤두섰다. 구명조끼와 오리발이 단단히 고정되었는지 확인하고 바다에 몸을 맡겼다. 수중에서 바닷속을 살펴보았을 때, 바닷속은 먼지가 잔뜩 묻은 안경을 쓴 것처럼 조금 흐릿하게 보였다. 드디어 갈라파고스의 바다를 만났다.

갈라파고스의 바닷속에는 무지개 색깔의 알록달록한 물고기들이 보였다. 아쿠아리움에서만 보던 화려한 색의 물고기를 직접 두 눈으로 볼 수 있었다. 신기하게도 사람이 수면 위에서 다가가도 더 깊숙이 있는 물고기는 피하지 않았다. 우리가 물고기를 손대지 않고 지켜보기만 한다는 사실을 알고 있는 것인지, 아니면 우리의 존재를 모르는 것인지 궁금했다. 해안가로부터 멀리 떨어질수록 온갖 알록달록한 물고기들이 하나씩 등장하기 시작했다. 손가락 한 마디만 한 물고기들에 떼로 몰려다니는 것도 보였다.

1   콜테즈 무지개색 놀래기(Cortez rainbow wrasse, *Thalassoma lucasanum*)
2, 3 Spotted Cabrilla(Mero Orillero)일 가능성이 높은 물고기

1, 2 자리돔과의 한 물고기(Sergeant Major, *Abudefduf saxatilis*)

3, 4 멕시칸 놀래기(Mexican hogfish, initial phase)

5 Yellowtail damselfish(juvenile)일 가능성이 높은 물고기

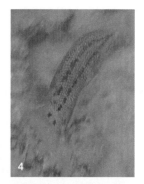

우리나라 연안에 서식하는 물고기와 달리 적도의 물고기는 대체로 화려한 색을 띠고 있었다. 우리나라에 서식하는 물고기는 회색빛이나 어두운색을 띠지만, 갈라파고스 제도의 물고기는 빨간색, 노란색, 파란색 등 다양한 색을 가지고 있다. 그 이유는 무엇일까? 다윈과 함께 진화론을 연구했던 진화학자 알프레드 월리스 Alfred Russel Wallace는 적도 부근의 바다 생태계가 화려하기 때문이라고 답했다. 그는 분홍색, 초록색, 파란색 등의 산호가 많은 적도 바다에서 알록달록한 색은 눈에 잘 띄지 않도록 위장 효과를 가지고 있다고 말했다. 월리스의 설명에 따르면 적도 물고기는 밝은색의 산호가 많은 적도 바다에 적응하여 색이 밝아졌고, 한국 부근의 바다는 바다 생태계가 밝지 않기 때문에 물고기도 상대적으로 밝지 않게 진화한 것으로 추측할 수 있다. 오스트리아의 동물학자 콘라트 로렌츠 Konrad Lorenz는 이 물음에 대해 또 다른 이유를 제시했다. 그는 물고기의 알록달록한 색깔이 같은 종 안에서 물고기의 개별적인 정체성을 나타낸다고 하였다. 물고기들은 천적에게서 오는 위협을 줄이기 위해 셀 수 없이 많이 모여 떼로 다니는데, 그는 함께 다니는 물고기들 사이에서 자신을 나타내기 위해 화려하게 진화되었다고 하였다. 그는 적도 바다의 물고기 사진을 찍어서 관찰을 해보니 서로 같은 패턴의 물고기는 찾아볼 수 없었다고 하였다. 또 다른 주장으로도 설명할 수 있다. 이번 주장은 물고기가 먹는 먹이의 성분에 따라 물고기의 색이 결정된다는 주장이다. 만약 물고기가 주로 먹는 조류가 파란색 안료를 많이 가지고 있다면, 물고기도 조류가 가지고 있는 파란색을 가지게 된다는 설명이다.

바다 생태계를 관찰하다

우리는 연안에서 떨어진 더 깊은 바다의 해양 생태계를 살펴보기 위해 라스틴토레라스섬 Las Tintoreras islet을 방문하였다. 해안가 연안에서는 작은 물고기와 불가사리 등 작은 생명체를 살펴볼 수 있었다면, 이번에는 바다거북, 바다사자, 상어 등 덩치가 큰 생물들

을 볼 수 있다. 따뜻한 우기 1~5월가 시작되는 1월에는 차가운 건기 7~12월에 강했던 무역풍이 약해지고, 반대로 약했던 적도 부근에서 부는 바람이 강해져 해류의 방향이 바뀌게 된다. 갈라파고스 주변의 바다의 수온이 따뜻해지기 시작하는 1월은 수중 동물들을 관찰하기 가장 좋은 시기들 중 하나이다. 마침 우리가 갈라파고스 제도를 방문한 시기가 1월이었다. 하지만 연안보다 바다는 더 많은 위험이 도사리고 있다. 위험이 클수록 보상이 더 크다는 말이 있지 않은가 high risk, high return. 라스틴토레라스섬에서의 스노클링은 바다뱀, 상어, 바다사자와 같은 동물들의 공격을 주의해야 될 뿐만이 아니라, 바닷물의 흐름과 바다 밑의 날카로운 바위와 같은 장애물도 주의해야 한다. 갈라파고스 제도에서도 바다뱀을 찾을 수 있다. 바다뱀은 코브라과에 속하는 뱀으로 코브라과의 명성에 걸맞게 세계에서 제일 강한 독을 가지고 있다. 해양생활에 적응해서 피부를 통해서도 산소를 흡수하고 이산화탄소를 배출할 수 있고, 1~3시간에 한 번만 해수면으로 올라와 숨을 쉰다. 하지만 바닷물을 마시지는 못한다. 바다에서 비가 내릴 때 해수면에서 소금기가 없는 빗물만을 마실 수 있으며, 물을 안 마시고는 최장 7달까지 견딜 수 있다. 갈라파고스 제도에서 발견되는 바다뱀은 노란배바다뱀 Yellow-bellied sea snake, *Hydrophis platurus*으로 한 번 물 때마다 몸무게 60kg 정도의 성인에게 치사량인 독을 주입할 수 있다. 노란배바다뱀은 연안지역보다는 열린 바다 pelagic zone에서 주로 발견이 되기 때문에, 해안가에서 멀리 떨어진 지역에서 스노클링을 할 때는 주의하는 것이 좋다. 물렸을 시 독을 효과적으로 중화할 수 있는 해독제가 존재한다.

라스틴토레라스섬은 이사벨라섬의 남쪽에 있는 작은 화산섬이다. 틴토레라스 Tintoras는 '백상아리' Mackerel shark를 뜻한다. 이 화산섬에서 자주 상어의 무리가 잠자는 것이 발견되어 붙인 이름이라고 한다. 재미난 것은, 조금 더 멀리 떨어진 곳에 토르트가스 Tortugas라는 이름의 섬이 있는데, 토르트가스는 '거북'을 의미한다. 섬의 모양이 거북이를 닮았다고 붙인 이름이다. 갈라파고스 제도의 섬의 유래를 살펴보면 소소한 재미를 느낄 수 있다.

이사벨라섬에서 보트를 타고 이 섬에 들어갈 수 있는데 바다이구아나, 펭귄, 바다사자 등 여러 종류의 바다 생물로 명성이 높다. 우리는 스노클링을 하기 전에 라스틴토레라스섬의 해안선을 따라 걸었다. 갈라파고스 국립공원에 속한 라스틴토레라스섬은 생태계 보전을 위해 한 번에 출입할 수 있는 사람들의 수에 제한이 있다. 라스틴토레라스섬의 해안을 따라 걸으며, 섬의 그늘에서 수면을 취하고 있는 상어들, 해수면에서 숨을 쉬며 휴식을 취하고 있는 바다거북, 부모 바다사자와 함께 시간을 보내고 있는 새끼 바다사자 등을 살펴볼 수 있었다.

라스틴토레라스섬은 이사벨라섬과 마찬가지로 섬을 이루는 바위들이 대부분 화성암이다. 우리 눈에 보인 돌들은 거의 모두 현무암처럼 암적색이고 구멍이 송송 뚫려 있었다. 날카롭고 미세한 구멍들이 많은 돌은 용암이 빠르게 식어서 굳은 돌의 전형적인 특징이다. 용암이 급격하게 식어서 만들어졌기 때문에 바위가 날카로운 편이다. 바위가 날카로워서 길을 지나갈 때 발을 다치지 않게 조심해야 했다. 어찌나 돌이 날카로웠는지 길을 지나가다가 새끼발톱을 바위에 찧었는데, 발톱이 살짝 깨져 상처가 났다. 우리는 날카로운 바위 위에서 일광욕을 즐기는 바다이구

1 라스틴토레라스섬의 자갈을 이루는 돌들은 반은 검은색의 화성암이고 반은 산호 조각들이다. 산호 조각을 바닥에서 들어 자세히 살펴보고 있다.

2 다가오는 번식기를 준비하기 위해 화려해진 바다이구아나가 자신의 영역에서 제일 높은 바위에 올라가 영역 활동을 하고 있다.

3, 4 라스틴토레라스섬의 화성암 위에 붙어서 자라고 있는 하얀 색깔의 지의류. 검은 바탕의 거친 캔버스에 누군가가 하얀색 물감을 살짝 묻혀놓은 듯한 모습이다. 지의류의 불투명한 하얀 색깔이 적도의 강렬한 햇볕을 반사하여 검은 화성암 온도를 낮추어, 지의류의 생존에 도움을 주는 것 같다는 생각이 들었다.

1, 2 바람을 마주보느냐 아니냐에 따라 흰색의 지의류가 바위 위에서 자라거나 자라지 않는다. 갈라파고스에서는 바람의 방향이 일정한 편이었다.

아나의 모습을 자주 볼 수 있었는데, 바다이구아나의 단단해 보이는 가죽도 적응의 결과물일 것이라는 혼자만의 추측을 했다.

라스틴토레라스섬에 있는 바위를 살펴보면 바위의 남쪽 면에는 흰색의 지의류 lichen가 붙어 있고 북쪽 면에는 어떠한 지의류도 붙어있지 않다. 지의류가 남쪽에서 북쪽으로 불어오는 바람을 타고 퍼지며 바위들의 남동쪽 면에만 지의류가 자라 검은색의 화성암을 흰색으로 만든 것으로 보인다. 계절마다 바람의 방향이 달라지는 한국과 달리 갈라파고스 제도에서는 한쪽으로만 바람이 불어온다.

갈라파고스 붉은 게

우리는 길을 걸으면서 게 껍데기를 발견했다. 갈라파고스 붉은 게 Sally Lightfoot Crab가 껍데기를 탈피하고 남은 것이다. 갈라파고스 붉은 게는 낮에는 따가운 햇볕을 피해 그늘에 숨어 있다가 밤이 되면 활동을 한다. 짝짓기도 뜨거운 열을 피해 밤에만 이루어진다. 게 무리를 자세히 살펴보면 저마다 모양과 색깔이 조금씩 다르다. 같은 게처럼 보여도 진한 빨간색을 가진 게가 있고, 옅은 빨간색의 게가 있다. 같은 장소에 있는 게도 조금씩 다른 특징이 있다.

1   라스틴토레라스에서 포착한 갈라파고스 붉은 게

2   바위에 붙은 해조류를 먹고 있는 갈라파고스 붉은 게. 이사벨라 푸에르토 빌라밀 마을 해안가에서 관찰하였다.

3   갈라파고스 붉은 게가 탈피하고 남은 껍데기

4   갈라파고스 붉은 게 껍데기. 갈라파고스 붉은 게는 탈피를 물속과 물 밖 둘 다에서 하는 것으로 보인다.

장완흉상어

우리는 라스틴토레라스섬 연안에 있는 해협에서 무리를 지어 잠을 자는 상어 떼를 발견했다. 상어는 물속에서 눈에 잘 띄지 않기 위해 역그늘색 countershading 으로 위장하고 있다. 배 부분이 하얗고 등 부분이 짙은 회색인 상어는, 위에서 보았을 때는 깊은 바다의 색깔과 비슷하고, 아래에서 보았을 때는 해수면의 하얀색과 비슷하다. 처음에는 상어가 있는지 모르고 지나쳤을 정도로 물속에서 희미하게 보였다. 현재 멸종 위기에 처한 지느러미의 끝부분이 하얀색인 장완흉상어 Oceanic Whitetip Shark, *Carcharhinus longimanus* 를 확인할 수 있었다. 갈라파고스 바다에는 장완흉상어를 포함해서 10종류 이상의 상어가 서식한다. 갈라파고스 제도의 해양 생태계가 얼마나 활발한지 보여주는 수치 중하나이다.

갈라파고스 상어

갈라파고스 제도의 연안에서 서식하는 상어 중에서 갈라파고스 상어가 제일 강하고 성격이 사납다. 이름은 갈라파고스 상어이지만 갈라파고스 제도 외에도 하와이 같이 바다 한가운데에 위치한 섬에서도 발견된다. 암컷 갈라파고스 상어는 2~3년에 한 번씩 60~80cm 크기의 새끼 상어를 4~16마리 낳는다. 새끼가 다 자라면 우리가 무서운 상어를 떠올리면 생각나는 3m 크기의 상어로 자라서 바다를 군림한다고 한다. 갈라파고스 상어는 먹이를 먹을 때나 1월에서 3월 사이에 짝짓기를 할 때 무척 예민해진다. 작은 갈라파고스 상어는 물고기, 두족류들을 먹고, 큰 상어는 바다이구아나, 갈라파고스 바다사자와 다른 상어도 잡아먹는다고 한다. 갈라파고스에서 관광객이 상어의 공격을 받은 사례가 있었지만, 치명적인 상해는 없었다고 한다.

바다거북

우리는 운 좋게도 바다거북 Marine Turtles 이 천천히 바닷속을 누비는 모습을 가까이서 지켜보았을 뿐만 아니라 동영상으로도 남길 수 있었다. 우리는 비디오에 바다거북 두 마리가 수영하면서 먹이를 먹는 모습을 수중촬영을 통해 담았다. 바다거북은 육지에서 보던 거대 거북과 상당한 차이가 있다. 거대 거북은 육지에 적합하게 적응하였고, 바다거북은 바다에서 살기에 적합하게 적응했기 때문이다. 바다거북의 등껍질은 거대 거북과 달리 수영에 적합하게 진화하여 유선형에 가깝다. 또한 우리가 스노클링을 위해 착용한 오리발처럼 바다거북의 발과 팔도 평평하고 길었다. 거대 거북은 육지에서 걷기 편하도록 두껍고 짧게 발달했다. 바다거북은 팔과 다리를 쭉 펴면서 마치 새가 하늘을 날 때 날개를 파닥거리는 것처럼 천천히 팔을 휘저었다.

1 바다 위를 유유히 돌아다니는 바다거북
2 바위에 붙은 해조류를 뜯어먹고 있는 바다거북

	거대 거북(Tortoise)	바다거북(Turtle)
과(Family)	Testudindae	Cheloniidae
분포	남아메리카와 남아프리카,동남아시아,지중해 근처에서 주로 발견되고 마다가스카르, 갈라파고스, 세이셸(Seychelles) 등의 섬에서도 발견된다. 주로 건조 기후 (Semi-arid climate)에서 서식한다.	극지방을 제외한 전 바다에 서식하며, 대륙붕 근처에서 주로 발견된다.
등껍질 모양	돔 모양의 커다란 등껍질을 가져 내부 공간이 넓고, 머리와 팔다리를 등껍질 안으로 숨길 수 있다.	유선형의 작은 등껍질을 가져 물의 저항을 적게 받지만 머리와 팔다리를 등껍질 안으로 숨길 수 없다.
먹이	대부분은 초식동물로 풀들의 이파리와 줄기, 꽃, 과일, 선인장을 먹는다. 일부 종은 잡식성으로 동물의 사체를 먹는다	대부분은 잡식성으로 해조류, 해면, 조개류, 해파리, 불가사리, 물고기 등을 먹는다.
수명	80년에서 150년. 가장 오래 산 거대 거북은 알다브라(Aldabra)섬의 거대 거북으로 255살로 추정된다.	30년에서 60년. 가장 오래 산 바다거북은 86살이다.
몸 온도 조절	더울 때 무더운 햇볕을 피해 그늘 아래 진흙탕이나 물웅덩이에서 몸을 담근다.	추울 때 차가운 바닷물에서 나와 해변가에서 햇볕을 쬔다.

거대 거북과 바다거북의 차이*

* 출처 : https://www.diffen.com/difference/Tortoise_vs_Turtle

복어, 커다란 물고기와 다른 바다 생물들

1 파랑비늘돔속 파랑 줄무늬 비늘돔(Blue-barred Parrotfish, *Scarus ghobban*). 바위에 붙어 있는 해조류를 뜯어먹고 있는 모습을 발견하였다. 약 40~50cm의 크기로, 관찰한 물고기들 중 제일 큰 편이다.

2 종을 확인할 수 없는 복어(pufferfish). 바다사자가 주변을 빙빙 돌며 무섭게 했는데도 위협적으로 느끼지 않았는지 배를 부풀리지 않았다.

3 종을 확인할 수 없는 은색의 물고기들. 백 마리 정도 떼를 지어 수면 4~5m 아래에서 천천히 움직이고 있었다.

1 전복(haliotis)과 비슷한 크기의 다판류(chiton)

2, 3 라스틴토레라스 주변에서 관찰한 산호 두 개

산타크루즈섬으로 다시 돌아오다

산타크루즈섬은 이사벨라섬보다 100만 년 더 오래전에 형성되었다. 산타크루즈섬에서는 오랫동안 화산활동의 흔적이 비와 바람에 깎이면서 이사벨라섬에 어디서나 보이던 화산활동의 흔적을 찾기 어려웠다. 이사벨라에서는 저지대에서도 쉽게 현무암 지대를 볼 수 있었지만, 산타크루즈섬의 저지대에 있는 현무암은 풍화

및 침식 작용으로 모두 흙이 되었다. 또한 이사벨라섬은 화산의 분화구를 뚜렷이 확인할 수 있으나, 산타크루즈섬에서는 분화구마저 오랜 시간으로 깎여서 땅과 분화구를 뚜렷이 구분하기 어렵다. 한편, 산타크루즈섬의 가장 높은 곳은 해발 830m이다. 갈라파고스 국립공원은 생태계 보호를 위해 고지대로 출입하는 관광객 수를 제한한다고 한다.

산타크루즈섬의 고지대의 쌍둥이 싱크홀 로스 제메로스(Los Gemelos)의 전경. 가장자리와 싱크홀의 바닥에서 국화과의 스칼레시아 나무가 자라고 있다. 최근 발표된 논문에 따르면, 외래종 나무들이 점점 갈라파고스 고유종인 스칼레시아를 대체해가고 있다. 국화과에 속하는 스칼레시아 나무들은 갈라파고스에서 풀에서 나무처럼 진화한 것으로 생각되는데, 외래종 나무보다 뿌리도 약하고 수명도 짧아 외래종 나무와의 경쟁에서 이기기 힘들다.

Chapter 2

진 화

Chapter 2
진화

돌연변이: 진화를 가능하게 하는 숨은 공인

세 가지 진화의 방식에 대한 소개

1943년 크릭과 왓슨에 의해 DNA가 유전물질이라는 것이 발표되기도 전에 막스 델브뤽 Max Delbrück과 살바도르 루리아 Salvador Luria는 간단하지만, 진화생물학의 역사에서 기념비적인 실험을 하였다 Luria and Delbrück, 1943. 이들은 1969년 노벨 생리학상을 수상하게 된다. 루리아-델브뤽 실험은 처음으로 라마르크식 진화가 일반적인 진화의 메커니즘이 아님을 밝힌 실험이다. 역설적으로, 루리아와 델브뤽은 생명체가 라마르크가 제안한 진화의 메커니즘으로 진화한다는 것을 증명하기 위해서 이 실험을 고안하였지만, 역으로 라마르크의 진화 메커니즘이 생물체의 진화에 크게 중요하지 않다는 것을 증명하게 되었다. 라마르크의 진화 메커니즘을 연구하기 위해, 그들은 단순한 생명체인 대장균 Escherichia coli이 대장균을 감염시켜 파괴하는 박테리오파지 bacteriophage와 만났을 때 어떻게 진화하는지를 살펴보았다. 그 당시에 어떤 대장균 종류 strain는 박테리오파지의 공격에 면역을 가지고 있지만, 면역이 없는 대장균들은 박테리오파지에 감염이 되어 파괴된다는 사실이 알려져 있었다.

또한 면역이 없는 대장균이 돌연변이를 통해 박테리오파지의 공격에 면역을 가지게 된다는 사실도 잘 알려져 있었다. 라마르크의 진화설을 증명하고자 했던 루리아와 델브뤽은, 목이 짧은 기린이 키가 큰 나무에 자라는 나뭇잎을 먹기 위해 목을 길게 바꾸는 것처럼, 면역이 없는 대장균이 박테리오파지를 만나게 되면 면역을 획득하게 될 것이라고 생각하였다. 앞서 말하였듯이, 루리아와 델브뤽은 생물체에서 어떻게 돌연변이가 발생하는지 알지 못하였을 뿐만이 아니라, 유전정보를 한 세대에서 다음 세대로 전달하는 물질이 DNA인지 단백질인지도 알지 못하였다. 그런데도 그들은 간단하지만 강력한 통계적인 분석을 사용하여 생명체에 도움을 주는 돌연변이가 다윈식 진화와 라이트식 진화에서처럼 주변 환경과 무관하게 무작위적으로 발생하는지, 라마르크식 진화에서처럼 주변 환경의 변화에 반응하여 발생하는지 실험을 통해 명확하게 보여줄 수 있었다. 시월 라이트 Sewall Wright는 집단유전학자 및 통계학자였던 로널드 피셔 Ronald Fisher와 함께 유전적 부동 현상을 발견하여 진화가 자연선택 natural selection 없이 무작위적으로 일어날 수 있다는 가능성을 보여준 학자들 중 한 명이다. 그 때문에 유전적 부동에 의해 무작위적으로 생물체가 진화하는 것을 라이트식 진화라고 부른다.

2009년과 2016년, 유진 쿠닌 Eugene Koonin과 유리 울프 Yuri Wolf는 자연에 이미 라마르크식 진화 메커니즘이 존재하고, 점점 더 복잡하고 효과적인 라마르크식 진화 메커니즘이 진화할 것이라 주장하는 글을 발표하였다 Koonin and Wolf, 2009; Koonin and Wolf, 2016. 2000년도 후반부터 생명과학계의 관심을 받게 되어 지금은 거의 모든 생명과학 연구실에서 사용하고 있는 기술인 크리스퍼 유전자가위 CRISPR-Cas9 기술은 원핵생물에서 발견된 크리스퍼 CRISPR-cas 시스템을 연구해 개발된 기술이다. 쿠닌과 울프는 이 크리스퍼 시스템이 명백하게 유사ー라마르크식 quasi-Lamarckian 또는 라마르크식 진화 메커니즘을 통해 생명체를 진화시킨다고 주장하였다. 우리들이 백신을 맞는 이유는, 우리가 가진 면역세포들이 백신에 들어 있는 병원체의 단백질을 기억해서 다음번 병원체가 우리 몸을 침범했을 때 면역세포들이 우리 몸을 빠르게 방어할 수 있게 하기 위해서이다. 크리스퍼 시스템은 원핵생물의 후천적 면역 시스템으로 볼 수 있다. 원핵생물이 바이러스에 감염이 되었을 때 크리스퍼 시스템은 바이러스의 DNA를 기억해서 다음번 똑같은 바이러스가 침입했을 때 바이러스의 공격으로부터

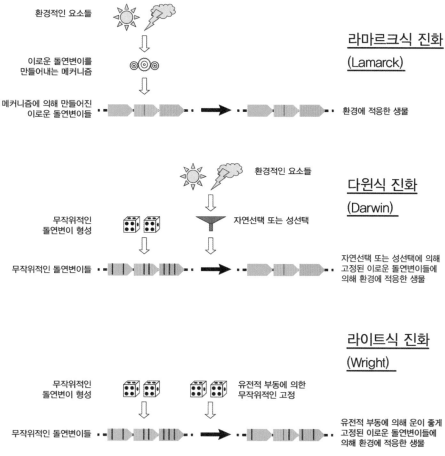

환경적인 요소들

라마르크식 진화
(Lamarck)

이로운 돌연변이를
만들어내는 메커니즘

메커니즘에 의해 만들어진
이로운 돌연변이들

환경에 적응한 생물

환경적인 요소들

다윈식 진화
(Darwin)

무작위적인
돌연변이 형성

자연선택 또는 성선택

무작위적인 돌연변이들

자연선택 또는 성선택에 의해
고정된 이로운 돌연변이들에
의해 환경에 적응한 생물

라이트식 진화
(Wright)

무작위적인
돌연변이 형성

유전적 부동에 의한
무작위적인 고정

무작위적인 돌연변이들

유전적 부동에 의해 운이 좋게
고정된 이로운 돌연변이들에
의해 환경에 적응한 생물

진화에 기여하는 세 가지 메커니즘. 세포와 유전물질로 이루어진 모든 생물체에는 다윈식 진화(Darwinian mode of evolution)와 라이트식 진화(Wrightian mode of evolution) 메커니즘이 기본적으로(inherently) 적용된다. 라마르크식 진화(Lamarkian modeof evolution)는 기본적인 진화의 메커니즘은 아니지만, 생명체의 탄생 이후 진화에 의해 만들어진 것으로 생각된다. 라마르크 또는 준–라마르크식 메커니즘에는 스트레스 유도성 돌연변이생성(stress–induced mutagenesis)과 CRISPR(Clustered Regularly Interspaced Short Palindromic Repeats) 등이 존재한다.*

원핵생물을 빠르게 보호할 수 있게 한다. 인간의 면역세포들의 활동에 의한 후천적 면역과 원핵생물의 크리스퍼 시스템 사이의 제일 큰 차이점은, 크리스퍼 시스템을 통해 획득한 면역은 DNA를 통해 유전된다는 것이다. 즉, 원핵생물은 바이러스에 감염이 되었을 때 크리스퍼 시스템을 통해 자신의 DNA를 생존에 유리하게 변화시켜 진화할 수 있다는 것이다! 하지만 우리는 단순하게 크리스퍼 시스템이 라마르크식 진화 메커니즘을 가진다고 이야기할 수 없다.

* 출처 : Koonin and Wolf, 2009.

매우 다양한 크리스퍼 시스템들이 원핵생물에 존재하며, 현재에도 과학자들은 새로운 크리스퍼 시스템들을 연구해 새로운 생명공학 기술을 개발하고자 노력하고 있다. 원핵생물의 진화에 기여하는 크리스퍼 시스템들이 다윈식 진화 메커니즘에 가까운지 라마르크식 진화 메커니즘에 가까운지 분류해보면 이들이 다윈식과 라마르크식 진화 메커니즘 사이의 넓은 스펙트럼 사이에 퍼져 있음을 알 수 있다. 다윈식 진화 메커니즘에 매우 가까운 시스템으로는 유산균의 한 종류인 스트렙토코커스 써모필러스 *Streptococcus thermophilus*가 가지고 있는 II-A타입 크리스퍼 시스템을 들 수 있다. II-A타입 시스템을 가진 원핵생물은 바이러스의 DNA와 자신의 DNA를 가리지 않고 무작위로 자신의 크리스퍼 유전자에 삽입한다. 자신의 DNA를 크리스퍼 유전자에 삽입한 세균들은, 크리스퍼 시스템이 자신의 DNA를 공격해 모두 죽게 된다. 하지만 자신을 공격한 바이러스의 DNA를 삽입한 세균들과 그 자손들은 그 바이러스에 대한 면역을 획득하게 된다. 크리스퍼 시스템이 DNA를 공격할 수 없게 인위적으로 돌연변이를 일으킨 세균의 경우, 즉 실수로라도 자신을 공격할 수 없는 세균의 경우 크리스퍼 유전자에 삽입된 DNA의 대부분이 세균 자신의 DNA였다. 라마르크식 진화 메커니즘에 가까운 시스템으로는 대장균 E. coli 이 가진 I-E타입 크리스퍼 시스템을 들 수 있다. I-E타입 시스템을 가진 원핵생물은 빠르게 복제되고 있는 바이러스의 DNA만 골라서 크리스퍼 유전자에 삽입한다. I-E 타입 시스템에 삽입되는 DNA 조각 spacer 1,000개 중 원핵생물 자신의 DNA에서 유래한 DNA 조각은 1~10개 정도 꼴로, 바이러스가 침입했을 때 자신의 자손들이 바이러스의 공격에 면역을 가지도록 자신의 유전체를 효과적으로 진화시키는 시스템을 가지고 있다고 볼 수 있다.

1943년의 논문에서 루리아와 델브뤽은 생명체의 적응에 도움이 되는 돌연변이 adaptive mutation가 라마르크식 진화 메커니즘이 아닌 주로 다윈식 진화 메커니즘에 의해 만들어진다는 것을 보일 수 있었지만, 다윈식 진화 메커니즘이 어느 정도까지 돌연변이를 설명할 수 있는지는 보여주지 않았다. 즉, 생명체에 도움이 되는 돌연변이들이 라마르크의 진화 메커니즘의 작용이 전혀 없이 다윈식 진화 메커니즘에 의해서만 만들어진다는 것을 밝히지는 못하였다. 루리아와 델브뤽이 라마르크식과 다윈식 진화 메커니즘 각각이 그들의 실험 결과를 정량적으로 어느 정도 설명할 수 있는지를 계산하기 위해서는 1987년에서야 사용 가능해진 베이지안 방법론을 사용한 모델 선택 Bayesian model selection이라는 통계 기법이 필요했다. 앞에서 살펴본 바와 같이, 대장균은 효과적인 크리스퍼 시스템을 가지고 있다. 따라서 대장균은 특정 박테리오파지의 공격에 면역이 없었더라도, 한번 공격을 받고 난 후 크리스퍼 시스템을 통해 자신의 유전체를 수정해 면역을 획득할 수 있고, 그 형질을 자손들에게 물려줄 수 있다. 루리아와 델브뤼이 대장균을 박테리오파지에 감염시키는 실험을 하였을 때, 우리는 무작위 돌연변이 같은 다윈식 진화 메커니즘뿐만이 아니라 크리스퍼 시스템 같은 라마르크식 진화 메커니즘도 조금은 기여를 했을 것으로 생각해볼 수 있다. 우리는 먼저 루리아와 델브뤼이 자신들의 결론을 내는 데 사용한 간단한 통계적 기법에 대해 알아보고, 이들이 어떻게 대장균의 진화에서 다윈식 진화 메커니즘이 라마르크식 진화 메커니즘보다 더 중요하게 작용함을 보일 수 있었는지 이해해볼 것이다. 그다음으로는, 발전된 통계적 분석 방법을 사용해 루리아와 델브뤼의 1943년 실험 결과를 다시 분석한 결과에 대해 소개하며 과연 라마르크식 진화 메커니즘이 대장균의 진화에 전혀 기여하지 않았는지를 살펴볼 것이다.

루리아 – 델브뤼 실험의 소개

1940년대에 루리아와 델브뤼은 현재는 T1 박테리오파지 bacteriophage T1, Schlegel et al., 2016라고 불리는 알파 바이러스 virus α와 대장균 B 균주 E. coli B strain를 사용하여 실험하였다. 안타깝게도 루리아와 델브뤼이 1940년대에 사용한 대장균 B 균주는 과학자들에 의해 보존이 되지 않지만, 대장균 B 균주로부터 만들어진 대장균 BE21 균주는 현재 생명공학에서 인슐린과 같은 단백질 합성에 널리 사용이 되는 중요한 균주로 남아 있다. 루리아와 델브뤼은 대장균 B 균주 세균들이 번식하고 있는 뿌연 배양액에 T1 박테리오파지를 감염시켰을 때, 박테리오파지가 세균들을 공격해 터트리기 시작해 수 시간 만에 뿌연 배양액이 투명하게 바뀐다는 사실을 알고 있었고, 이를 'clearing'이라는 단어로 묘사하였다. 그들은 세균의 죽음으로 투명해진 배양액을 수일간 계속 배양하면 T1 박테리오파지의 감염에 면역이 생긴 세균들이 다시 번식하기 시작해 배양액을 뿌옇게 만든다는 사실 또한 알고 있었고, 이를 2차 배양 the secondary culture이라고 불렀다. 처음 배양된 T1 박테리오파지에 면역이 없는 대장균

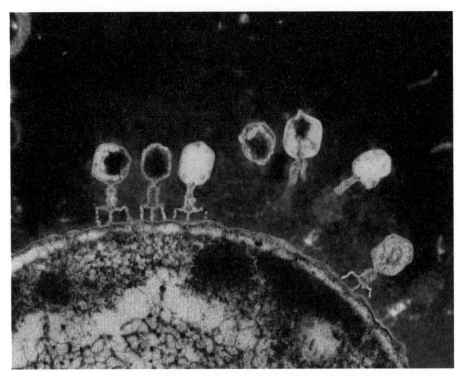

세균을 감염시키는 박테리오파지. 1943년 발표된 논문을 통해 루리아와 델브뤽은 대장균과 박테리오파지 T1을 사용해 다윈식 진화 메커니즘이 박테리오파지 내성 대장균의 진화에 중요한 역할을 함을 발표한다.

B 균주 세균들이 일차적으로 배양이 된 후 바이러스의 감염으로 대부분이 죽은 후, 면역이 생겨 남아 있던 세균들이 이차적으로 배양이 된 것이기 때문에 이를 2차 배양이라고 불렀다. T1 박테리오파지의 공격 후 투명해진 배양액은 세균을 감염시켜 자기 자신을 복제한 바이러스의 입자들로 가득 차 있었기 때문에, 더는 바이러스에 면역이 없는 세균들은 자랄 수 없었다.

세균들은 어떻게 바이러스에 대한 면역을 획득하였을까?

세균에 침입한 바이러스는 두 가지 선택을 할 수 있다. 한 가지는 용균성 생활사 lytic cycle로, 빠르게 자기 자신을 복제해서 많은 바이러스 입자들과 함께 세균을 터트리고 나오는 것이다. 용균성 생활사는 루리아와 델브뤽의 실험에서 T1 박테리오파지에 감염된 많은 대장균 B 균주가 죽게 되는 원인이다. 다른 한 가지는 용원성 생활사 lysogenic cycle로, 세균을 죽이지 않는 대신 세균의 유전물질에 프로파지 prophage

라고 하는 자신의 유전물질을 삽입하여 세균이 분열함과 동시에 자신의 유전물질도 복제해서 분열시키는 것이다. 용원성 생활사를 선택한 바이러스는 세균을 죽이지 않기 때문에 처음에는 루리아와 델브뤽은 2차 배양에서 증식하고 있는 세균들이 바이러스의 유전물질을 품고 있는 용원성 세균이라고 생각하였다. 바이러스의 유전물질을 가진 용원성 세균들은 언제든지 용균성 생활사를 통해 바이러스 입자들을 만들어낼 수 있기 때문에, 루리아와 델브뤽은 바이러스에 감염되지 않은 세균들과 용원성 세균들을 쉽게 구분해낼 수 있다. 하지만 2차 배양에서 자라나고 있던 세균들은 용원성 세균이 아니었고, 바이러스의 유전물질을 가지고 있지 않았다.

박테리오파지의 공격에 면역을 가지게 된 세균들의 자손들 역시 면역을 가졌기 때문에, 그들은 박테리오파지의 공격에 면역이 되게 하는 돌연변이가 대장균의 유전물질을 통해 전달되고 있다는 사실을 알 수 있었다. 루리아와 델브뤽은 대장균이 돌연변이를 획득할 수 있다는 사실을 이미 알고 있었다. 하지만 대장균들이 돌연변이들을 어떻게 획득하는지는 알지 못하였다. 1차 배양에서 자라고 있던 대장균들이 T1 박테리오파지의 감염에 내성을 획득하는 과정은, 라마르크가 제안한 진화 메커니즘을 따를 수도 있고, 다윈이 주장한 진화 메커니즘을 따를 수도 있었다. 흥미롭게도 루리아와 델브뤽은 두 가지 타입의 내성세균들을 관찰할 수 있었다. A형 내성세균들은 1차 배양에서 자라고 있던 진화하기 전의 대장균들과 똑같은 형태의 콜로니를 형성하였지만, B형 내성세균들은 훨씬 작고, 투명한 콜로니를 형성하였고, 콜로니를 형성하는 데 걸리는 시간도 더 길었다. 콜로니 colony 는 하나의 대장균이 고체배지 agar 위에서 세포분열을 하며 만들어내는 자신의 자손들로 이루어진 세균의 덩어리이다. 대장균이 가진 유전자와 돌연변이의 종류들에 따라 대장균의 세포분열 속도, 이동속도, 대사물질들이 달라지고, 이들의 영향으로 대장균이 독특한 색깔과 형태의 콜로니를 형성하게 된다. 루리아와 델브뤽은 이 두 가지 타입의 내성세균들이 어떠한 빈도로 나타났는지, 어떠한 특성이 있었는지에 대해 깊게 탐구하지 않았고, 따라서 우리는 이 두 타입의 세균들이 어떻게 만들어지는지 확신을 가지고 논할 수 없다. 하지만 우리는 다음과 같이 생각해볼 수 있다. 크리스퍼 시스템을 통해 진화한 세균들은 크리스퍼 유전자를 제외하고 다른 유전자에는 돌연변이가 없기 때문에 진화하기 전과 똑같은 형태의 콜로니를 형성할 수 있다. 따라서 타입 A 내성균들은 크리스퍼 시스템을 통해 돌연변이를 획득한 세균들일 수 있다. 무작위적 돌연변이를 통해 진화한 세균들은 T1 박테리오파지가 세균을 공격하는 데 필수적인 세균의 막 단백질 등에 돌연변이가 생긴 세균들일 가능성이 크다. 따라서 세균의 물질대사와 같은 중요한 역할을 가진 단백질에 생긴 돌연변이에 의해 콜로니의 성장 속도가 느려지고 형태가 달라졌을 것으로 추측할 수 있다. 이 추측이 맞는다면, 타입 B 내성세균들은 무작위적 돌연변이를 통해, 즉 다윈식 진화 메커니즘을 통해 진화한 세균들로 볼 수 있다.

루리아와 델브뤽이 대장균의 진화를 설명하기 위해 세운 두 가지 가설: 무작위 돌연변이설과 형질 획득설

▌다윈의 진화론을 대표하는 무작위 돌연변이설

루리아와 델브뤽이 대장균이 바이러스에 내성을 가지게 되는 진화 현상을 설명하기 위해 세운 가설은 크게 두 가지다. 첫 번째 가설 가설 a은 (무작위) 돌연변이 가설 hypothesis of mutation to immunity이다. 돌연변이는 생물의 유전정보가 원본과 달라진 것으로 정의되고, 그 때문에 다윈식 진화에 의한 유전자의 변화도 돌연변이, 라마르크식 진화에 의한 유전자의 변화도 돌연변이라고 부른다. 하지만 루리아와 델브뤽의 돌연변이 가설에 사용된 '돌연변이'의 의미는 우리가 일반적으로 알고 있는 돌연변이의 의미가 있다. 세 잎 클로버 Trifolium 속 식물들 중에서 운이 좋으면 네 잎 클로버를 발견할 수 있는 것처럼, 돌연변이는 일반적으로 환경과 무관하게 만들어지는 변이를 나타낸다. 돌연변이 가설은 대장균이 바이러스에 저항을 하게 만드는 돌연변이가 바이러스의 존재 및 감염 유무와 관계없이 무작위적으로 만들어진다는 가설이다. 다윈식 진화메커니즘에서는 돌연변이가 환경과 무관하게 확률적으로 만들어지는데, 그 때문에 루리아와 델브뤽의 돌연변이 가설은 동료 연구자들에 의해 다윈의 진화론을 증명할 수 있는 가설로 여겨졌다.

▌라마르크의 진화론을 대표하는 형질 획득설

루리아와 델브뤽이 세운 두 번째 가설 가설 b은 형질 획득설 hypothesis of acquired immunity이다. 형질 획득설에 따르면, 바이러스의 공격을 경험함으로써 대장균의 유전정보가 바뀌게 된다. 즉, 돌연변이가 환경 바이러스를 만난 상황에 영향을 받아 생기게 된다. 그 때문에 루리아와 델브뤽의 형질 획득설은 라마르크의 진화론을 증명할 수 있는 가설로서 생각이 됐다. 대장균의 유전정보가 바이러스의 공격에 따라 바뀌는 현상이 특정 유전자를 가진 대장균에게서만 일어나는지, 아니면 대장균마다 무작위적으로 일어나는지에 따라 이들의 형질 획득설은 두 가지의 가설로 세분되었다. 그 중 첫 번째 가설 b_1는 유전적으로 타고난 대장균들에 의한 형질 획득설 hypothesis of acquired immunity of hereditarily predisposed individuals로, 바이러스의 공격에서 살아남은 대장균이 자기 자신이 바이러스의 공격에 내성을 가지도록 자신의 유전정보를 변형할 수 있으려면 또 다른 돌연변이 또는 특수한 유전자가 필요하다는 가설이다. CRISPR 시스템이 대장균에서 존재한다는 것이 밝혀진 지금은, 루리아와 델브뤽의 b_1 가설이 맞았다고 이야기할 수 있다. CRISPR 시스템을 구성하는 유전자에 돌연변이가 생겨 CRISPR 시스템이 망가진 대장균은 스스로 유전정보를 변화시킬 수 없어 다윈식 진화메커니즘에만 의존해서 진화하지만, 올바르게 작동하는 CRISPR 시스템을 가진 대장균은 다윈식 진화메커니즘뿐만이 아니라 라마르크식 진화메커니즘으로도 진화할 수 있다. 두 번째 가설 가설 b_2은 유전자와 상관없는 형질 획득설 hypothesis of acquired immunity – hereditary after infection로, 특수한 유전자가 있는 것과 상관없이 어떠한 대장균이라도 운만 좋다면 바이러스의 공격과 같은 환경의 변화를 감지해서 자신의 유전물질을 스스로 변경할 수 있다는 가설이다. 루리아와 델브뤽의 b_2 가설은 기린이 높은 곳에 있는 나뭇잎을 먹기 위해 목을 뻗었기 때문에 기린의 자손들의 목이 길어졌다고 설명하는 우리가 잘 알고 있는 라마르크의 진화가설과 제일 일치하는 가설이다. 현재 과학자들은 생물체가 자신의 유전정보를 변경하거나, 자신에게 일어나는 돌연변이의 속도와 위치를 조절하기 위해서는 CRISPR 시스템과 같이 잘 진화된 시스템이 꼭 필요하다고 생각하고 있고, b_1 가설이 맞고 b2 가설은 잘못되었다고 받아들여지고 있다.

루리아 - 델브뤽 실험의 실험과정

루리아와 델브뤽의 실험의 자세한 과정은 다음과 같다. 첫 번째로, 알파 바이러스 용액을 고체배지에 골고루 바른 뒤 완전히 마를 때까지 수 분간 기다린다. 바이러스가 고체배지 위에 잘 퍼진 후, 대장균 B 균주의 배양액을 고체배지의 가장자리로부터 1cm 정도 여유를 두고 고체배지 위에 바른다. 가장자리에 대장균 B 균주를 바르지 않는 이유는 모든 대장균이 알파 바이러스에 골고루 노출되게 하기 위해서였다. 루리아와 델브뤽은 현미경을 통해서 바이러스에 노출이 되자마자 대장균이 바이러스의 증식에 의해 파괴된다는 사실을 확인하였다. 즉, 루리아와 델브뤽은 바이러스에 내성을 가지고 있지 않고서는 대장균이 고체배지에서 대장균 덩어리인 콜로니로 자라날 수 없다고 결론을 지었다. 앞서 설명하였듯이, 루리아와 델브뤽은 두 종류의 내성균을 발견할 수 있었다. A형 내성세균들은 일반적인 크고 불투명한 콜로니를 바이러스에 노출되고 나서 12~16시간 만에 만들어냈다. 하지만 B형 내성세균들을 작고 투명한 콜로니를 바이러스에 노출된 이후 18~24시간 후에 늦게 만들어냈다. 루리아와 델브뤽은 두 종류의 내성세균이 성장 속도가 다를 수 있을 것이라고 생각해서 액체배지 liquid culture에서 성장 속도를 측정해보았지만, 두 종

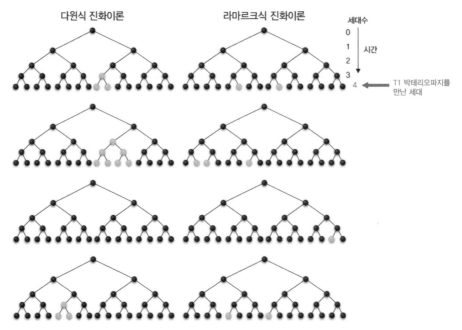

다윈식 메커니즘과 라마르크식 메커니즘에 의한 박테리오파지 내성 대장균 등장 패턴의 비교. 다윈식 메커니즘에서는 내성 대장균의 수가 실험마다 크게 달라질 수 있지만, 라마르크식 메커니즘에서는 내성 대장균의 수가 실험마다 크게 차이가 나지 않는다.*

* 출처 : Holmes et al., 2017.

류의 내성세균이 액체배지에서 자라는 속도는 비슷하였다. 다음으로, 루리아와 델브뤽은 세균을 바이러스에 노출한 지 하루 24시간 또는 이틀 48시간이 지난 후 고체배지에 만들어진 콜로니의 개수를 세서 기록하였다. 하나의 세균이 자라나서 하나의 콜로니를 만들어내기 때문에, 콜로니의 개수를 세면 고체배지에 발라진 세균 중 몇 마리의 세균이 바이러스에 내성을 획득하였는지 셀 수 있다.

루리아 - 델브뤽 실험의 결론

루리아와 델브뤽은 고체배지에 만들어진 바이러스 내성 콜로니의 개수를 세는 단순한 실험을 통해 바이러스에 대한 내성이 어떻게 진화하는지 알아낼 수 있음을 깨달았다. 바이러스의 공격에 내성을 가지게 하는 돌연변이가 만약 라마르크의 진화 메커니즘에 의해 대장균이 바이러스에 노출되는 순간에 만들어진다면, 만들어진 바이러스 내성 콜로니의 개수는 고체배지마다 큰 차이가 없을 것이다. 예를 들어, 인형 뽑기 기계에서 500원을 주고 인형을 뽑는 상황을 생각해보자. 500원을 내고 인형 뽑기를 시도해서 성공적으로 인형을 뽑을 수 있는 확률이 5%라면, 만 원짜리 지폐 한 장을 사용해 20번의 인형 뽑기를 시도해서 평균적으로 1개의 인형을 뽑을 수 있을 것이다. 20번의 시도를 통해 1개의 인형을 뽑을 수 있는 확률은 약 38 %이다($(0.05) \times (0.95)^{19} \times \binom{20}{1} = 0.377$). 운이 좋을 경우 만 원을 사용해서 인형을 2개 뽑을 수도 있을 것이다. 20번의 시도를 통해 2개의 인형을 뽑을 수 있는 확률은 약 19%이다($(0.05)^2 \times (0.95)^{18} \times \binom{20}{2} = 0.189$). 만 원으로 3개의 인형을 뽑기 위해서는 운이 매우 좋아야 한다 약 6%의 확률. 하지만 누군가가 만 원을 사용해서 똑같은 인형 뽑기 기계에서 만 원을 사용해 10개의 인형을 뽑았다고 하면, 누구라도 믿을 수 없을 것이다. 왜냐하면 20번의 시도로 10개의 인형을 뽑을 수 있는 확률은 0.000001%이기 때문이다($(0.05)^{10} \times (0.95)^{10} \times \binom{20}{10} = 0.000000011$). 바이러스가 뿌려진 고체배지에서 발견된 콜로니들이 라마르크식 진화 메커니즘에 의해 바이러스에 노출된 순간 돌연변이를 획득한 대장균들에 의해 주로 만들어졌다고 가정을 해보자. 평균 10개의 내성 대장균이 등장하는 실험에서 100개의 내성 대장균 콜로니가 만들어지는 고체배지를 발견하기는 인형 뽑기의 예에서 만 원으로 10개의 인형을 뽑은 경우처럼 거의 불가능에 가까울 것이다.

하지만 알파 바이러스에 노출되기 전 다윈식 진화 메커니즘을 따라 발생한 무작위 돌연변이에 의해 이미 대장균들이 바이러스에 대한 내성을 획득하였다고 생각해보자. 바이러스의 공격에 의해 바이러스에 내성을 가진 대장균들이 자연선택에 의해 선택되어 살아남은 것이라면, 고체배지에서 만들어지는 바이러스 내성 콜로니들의 개수들은 통계적으로 어떠한 분포를 보여주게 될까? 바이러스에 노출이 되기 전에 대장균들에게 바이러스에 내성을 가지게 하는 돌연변이가 생긴다면, 바이러스에 노출될 대장균의 부모 대장균 세대에서 돌연변이가 생길 수도 있고, 훨씬 거

	실험 16(20개의 배양액)	실험 17(12개의 배양액)
고체배지 1	1	1
고체배지 2	0	0
고체배지 3	3	0
고체배지 4	0	7
고체배지 5	0	0
고체배지 6	5	303
고체배지 7	0	0
고체배지 8	5	0
고체배지 9	0	3
고체배지 10	6	48
고체배지 11	107	1
고체배지 12	0	4
고체배지 13	0	.
고체배지 14	0	.
고체배지 15	1	.
고체배지 16	0	.
고체배지 17	0	.
고체배지 18	64	.
고체배지 19	0	.
고체배지 20	35	.
평균	11.35	30.58
분산	752.13	7542.27
파노 인자(분산 / 평균)	66.26	246.61

루리아와 델브뤽의 16번째와 17번째 실험에서 각 고체배지마다 발견된 바이러스 내성 콜로니들의 개수. 대부분의 고체배지에서 5개 미만의 콜로니가 발견되었지만, 일부 고체배지에서는 100개가 넘는 콜로니가 발견되었다. 라마르크식 진화에 따라 모든 돌연변이가 바이러스를 만나는 순간 만들어진다고 가정하면 불가능한 현상이다.*

* 출처 : 루리아와 델브뤽의 논문 표 2에서 발췌.

슬러 올라가 조상 대장균 세대에서 돌연변이가 생길 수도 있다. 바이러스에게 노출이 될 대장균의 7대 조상에게 돌연변이가 생긴 상황을 생각해보자. 돌연변이가 생긴 대장균은 7번 분열해서 128마리의 돌연변이 세균을 만들어내게 되고, 바이러스의 공격이 시작되었을 때 바이러스에 내성을 가진 128마리의 돌연변이 세균들은 살아남을 수 있게 된다. 즉, 돌연변이가 한 번만 일어났더라도 고체배지에 뿌려지기 전 일찍 일어났다면 어마어마한 개수의 콜로니가 만들어지게 된다.

루리아와 델브뤽은 파노 인자 Fano factor라고 불리는 통계적 수치를 사용해서 대부분의 바이러스 내성 대장균이 다윈의 진화 메커니즘에 의해 진화했음을 보일 수 있었다. 루리아와 델브뤽은 대장균 배양액의 일부만 고체배지에 뿌렸는데, 혹시 고체배지에 뿌리는 것에 문제가 있는지 알아보기 위해 한 배양액을 골고루 나누어 10개의 고체배지에 뿌려보았다. 다행히도 10개의 고체배지들은 모두 일정한 개수의 바이러스 저항 콜로니를 보여주었다. 각 배양액마다 10개의 고체배지에 골고루 나누어 뿌려 얻는 바이러스 저항 콜로니 개수의 분산을 평균으로 나눈 값, 파노 인자를 구하자 배양액의 평균과 관계없이 1에 가까운 값이 나왔다. 그에 반해 여러 배양액에서 관찰된 바이러스 저항 콜로니의 개수의 파노 인자는 50 이상이다. 여기서 우리는 같은 배양액을 여러 번 고체배지에 뿌리는 것과 서로 다른 배양액이 각각 고체배지에 뿌려지는 것이 통계적으로 다른 결과를 보여주는 것을 알 수 있다.

파노 인자가 1에 가깝다는 것은 바이러스 저항 콜로니가 이미 정해진 확률에 의해 나타난다는 것을 의미한다. 앞서 살펴본 인형 뽑기의 경우에도 인형이 뽑힐 확률은 5%로 일정하고, 파노 인자는 1에 가깝게 된다. 즉, 무작위 표본채집 random sampling의 경우에 파노 인자는 1이 된다. 다시 말하면, 어떠한 세균이든지 운만 좋다면 바이러스가 있는 고체배지에 뿌려졌을 때 바이러스 내성세균으로 진화할 수 있다는 루리아와 델브뤽의 b_2 가설이 맞을 경우에도 파노 인자가 1에 가깝게 나와야 한다. 루리아와 델브뤽의 b_2 가설이 맞을 경우, 한 배양액이 여러 번 뿌려졌을 때만이 아니라 여러 배양액이 고체배지에 각각 뿌려졌을 때도 파노 인자가 1에 가깝게 나와야 한다. 왜냐하면 이 가설에 따르면 대장균의 진화가 배양액이 고체배지에 뿌려지기 전에는 일어나지 않고, 서로 다른 대장균 배양액이라 할지라도 모두 같은 대장균들이 들어 있기 때문이다.

	실험 10의 한 배양액	실험 11의 한 배양액	실험 3의 한 배양액
반복 실험 1	14	46	4
반복 실험 2	15	56	2
반복 실험 3	13	52	2
반복 실험 4	21	48	1
반복 실험 5	15	65	5
반복 실험 6	14	44	2
반복 실험 7	26	49	4
반복 실험 8	16	51	2
반복 실험 9	20	56	4
반복 실험 10	13	47	7
평균	16.7	51.4	3.3
분산	18.2	38.7	3.34
파노 인자	1.09	0.75	1.01

루리아와 델브뤽이 한 배양액을 똑같이 나누어 10개의 고체배지에 발랐을 때 각 고체배지마다 발견된 바이러스 내성 콜로니들의 개수. 같은 배양액이 고체배지에 발라졌다면, 바이러스에 내성을 가진 대장균 콜로니는 거의 일정한 개수로 발견된다. 이 경우 분산을 평균으로 나누어 얻은 파노 인자는 1에 가깝게 된다.*

바이러스를 만나기도 전에 대장균이 배양액 속에서 자라는 동안 다윈의 진화 메커니즘에 따라 진화한다면, 배양액 속에서 자라는 시간이 길면 길수록 파노 인자는 점점 커지게 된다. 즉, 다윈식 진화 메커니즘은 루리아-델브뤽 실험에서 관찰된 50 이상의 큰 파노 인자를 설명할 수 있다. 루리아와 델브뤽은 파노 인자를 계산해서 대장균의 진화가 주로 바이러스를 만난 순간이 아니라, 배양액 속에서 자라는 동안 다윈식 진화메커니즘에 의해 만들어짐을 밝힐 수 있었다.

다윈식 진화 메커니즘이 주로 작용한 카나바닌 내성 효모의 진화

효모와 카나바닌을 사용한 루리아-델브뤽 실험

루리아와 델브뤽의 실험은 바이러스와 대장균을 사용해 실험과정이 복잡하지만, 항생제와 효모를 사용해서 단순한 방법으로 그들의 실험을 재현할 수 있다. 일부 식물에서 발견되는 독성이 있는 화학물질인 카나바닌 L-canavanine은 우리 몸을 이루는 단백질에는 사용되지 않는 아미노산이다. 카나바닌은 우리 몸을 이루는 단백질

* 출처 : 루리아와 델브뤽의 논문 표 1에서 발췌.

에 사용이 되는 아르지닌 arginine과 매우 비슷하게 생겼다. 그 때문에 생물이 실수로 카나바닌을 먹게 되면, 단백질을 만드는 효소가 아르지닌과 착각하기 쉬워 아르지닌 대신 카나바닌이 단백질에 들어가게 된다. 하지만 카나바닌은 아르지닌과 화학적 성질이 다르기 때문에 단백질이 오작동을 일으키게 되고, 독성을 나타내게 된다. 효모 fission yeast가 가진 CAN1이란 막 단백질은 주변의 아르지닌과 카나바닌을 세포 안으로 들여보내는 역할을 한다. 효모의 CAN1 단백질에 돌연변이가 생겨 단백질이 고장 나게 되면, 효모는 조금 천천히 자라겠지만 대신 카나바닌의 독성에 대한 저항성을 가지게 되고, 높은 농도의 카나바닌이 들어 있는 배양액 속에서도 잘 자랄 수 있게 된다 Fantes and Creanor, 1984.

대장균과 박테리오파지를 사용하지 않고, 효모와 카나바닌을 사용해 루리아와 델브뤽의 실험을 재현할 수 있다. 카나바닌은 아미노산 아르지닌과 비슷한 구조로 되어 있으며, 많은 생물에서 과량을 섭취하게 될 때 독성을 나타낸다.

　우리는 캘리포니아 공과대학 랍 필립스 교수님의 실험실에서, 효모와 카나바닌을 사용하여 루리아 델브뤽 실험을 재현해보았다. 추가로 일부러 돌연변이가 더 자주 발생하게 유전자를 조작한 효모도 사용하였다. 이 효모는 DNA 수선작용에 중요한 MSH2 유전자가 고장이 나 있는데, 그 때문에 DNA에 손상이 생겨도 고칠 수가 없어 돌연변이가 훨씬 많이 생길 수 있다. 세포분열이 빠른 대장균 대신 세포분열이 느린 효모를 사용하기 때문에 실험 시간은 더 오래 걸린다. 하지만 알파 바이러스가 뿌려진 고체배지와 같은 역할을 하는 카나바닌이 들어간 고체배지는 훨씬 만들기 쉽다. 또한 대장균과 바이러스를 사용하면 대장균에 존재하는 크리스퍼 시스템에 의해 라마르크식 진화 메커니즘이 작동할 가능성이 있지만, 효모와 카나바닌만 사용하면 우리는 라마르크식 진화메커니즘의 작동 가능성을 배제할 수 있다. 우리는 첫 번째로 카나바닌 고체배지에 뿌려질 효모 배양액 속에 정상 효모 또는 유전자 조작 효모가 얼마나 많이 있는지 현미경과 세포 계수기 hemocytometer를 사용하여 세보았다. 야생형 효모는 약 1,270만 마리가 있었지만, 유전자 조작 효모는 120만 마리에 불과하였다. DNA를 수선하는 데 필수적인 효소가 망가져 있기 때문에, 유전자 조작 효모는 세포분열을 할 때마다 치명적인 돌연변이가 여러 군데 생겨 죽을 확률이 상당히 높다. 이 때문에 유전자 조작 효모가 정상 효모보다 천천히 자란 것으로 생각이 된다. 야생형과 MSH2 돌연변이 효모 각각에 대해 약 200개의 배양액이 준비되었다. 카나바닌 고체배지에 뿌려지기 전 18시간 동안 200개의 배양액 속에서 자란 모든 효모는 카나바닌에 내성이 없는 야생형 또는 MSH2 돌연변이 효모 1개로부터 만들어졌다고 볼 수 있다. 강의에 참여한 13명의 학생이 각각 27번의 실험을 반복하였다. 학생마다 10cm 직경의 커다란 고체배지 한 개를 9등분하여 각 구역에 효모 배양액을 흡수시켰고, 3개의 고체배지에서 이를 반복하여 루리아와 델브뤽의 실험을 총 27번을 반복하였다. 6명의 학생이 정상 효모를 사용하여 실험하였고 162개의 실험, 7명의 학생이 유전자 조작 효모를 사용하여 실험하였다 189개의 실험. 대장균과 달리 효모는 천천히 자라기 때문에, 돌연변이 효모가 콜로니를 만들려면 하루 이상의 시간이 필요하다. 효모 배양액이 흡수된 고체배지는 30℃ 배양기 안에서 이틀간 배양이 되었다. 돌연변이 효모가 콜로니를 만든 후, 우리는 고체배지에 자라난 콜로니의 개수를 세어 표로 정리해 파이썬 python 프로그래밍 언어를 사용하여 분석하였다.

돌연변이율 구하기

효모를 사용해 재현한 루리아와 델브뤽의 실험 결과를 분석하기 전에, 우리는 다윈식 진화 메커니즘만이 작용했을 경우와 라마르크식 진화 메커니즘만이 작용했을 때에 대해 시뮬레이션을 진행하였다. 각 가설에 대해 시뮬레이션을 하기 위해서는, 효모가 세포분열을 할 때마다 카나바닌에 저항성을 가지게 하는 돌연변이가 생길 확률을 알고 있어야 한다. 다행히도 효모의 진화에 다윈식 진화 메커니즘이 작용했는지, 라마르크식 진화 메커니즘이 작용했는지와 상관없이 효모의 돌연변이율을 계산할 방법이 존재한다.

$$P(0;N) = \frac{N!}{0!\,(N-0)!}\,a^0\,(1-a)^N = (1-a)^N$$

실험을 통해 계산한 루리아와 델브뤽의 실험에서 돌연변이 콜로니가 한 개도 없을 확률, $P(0;N)$는 두 진화가설 중 어느 것이 맞는지와 상관없이 효모의 돌연변이율(a)과 고체배지에 뿌려질 배양액 속의 효모의 총 개수(N)에 의해 결정이 된다. 여기서 말하는 돌연변이율이란 효모가 세포분열을 할 때마다 CAN1 유전자를 망가뜨리는 돌연변이가 생길 확률을 말한다. 이 계산을 위해서는 효모가 배양액 속에서 자라나는 동안 돌연변이율이 일정하게 유지된다는 가정이 필요하다. 앞의 계산식과 현미경을 통해 측정한 배양액 속의 효모의 총 개수를 사용하여 정상 효모와 유전자 조작 효모의 CAN1 유전자 돌연변이율을 계산할 수 있게 된다. 이렇게 계산된 정상 효모의 CAN1 유전자 돌연변이율은 1.2×10^{-7}이었고, 돌연변이가 많이 발생하도록 유전자를 조작한 효모의 돌연변이율은 9.2×10^{-7}이었다. 예측한 대로 유전자 조작 효모에서 돌연변이율이 8배 정도 증가하였는데, 이는 정상 효모에서는 고칠 수 있는 돌연변이를 유전자 조작 효모에서는 DNA를 수선하는 MSH2 유전자가 망가져서 고치지 못한 결과로 볼 수 있다.

	정상 효모(WT)	유전자 조작 효모(MSH2 MUT)
전체 실험의 개수	162	189
돌연변이 콜로니가 하나도 안 만들어진 실험의 개수	37	60
배양액 속 효모의 개수	1.27×10^7	1.2×10^6
CAN1 유전자의 돌연변이율	1.2×10^{-7}	9.2×10^{-7}

정상 효모와 유전자 조작 효모의 돌연변이율 계산

시뮬레이션을 통해 계산한 각 가설이 맞을 경우에 대한 루리아 – 델브뤽 실험의 예상 결과

우리는 파이썬 프로그래밍 언어를 사용하여 루리아와 델브뤽의 실험을 컴퓨터에서 재현해볼 수 있었다. 우리는 다윈의 진화 메커니즘이 맞을 경우와 라마르크의 진화 메커니즘이 맞을 경우에 대해 시뮬레이션을 하였고, 효모를 사용하여 재현한 루리아 – 델브뤽 실험 결과를 두 시뮬레이션 결과와 비교하여 둘 중 어느 진화 메커니즘이 루리아와 델브뤽의 실험의 결과를 더욱 잘 설명할 수 있는지에 대해 알아보았다.

▌라마르크의 진화론이 맞을 경우에 대한 시뮬레이션

라마르크의 진화 메커니즘 또는 형질 획득설이 맞을 경우를 가정해보자. 형질 획득설에 따르면, 주변 환경이 바뀌고 나서야 생물이 진화하기 시작한다. 즉, 효모가 카나바닌에 노출되고 나서야 카나바닌 내성 돌연변이가 만들어지는 것이다. 따라서 효모들이 카나바닌 고체배지에 뿌려진 이후에 새로이 만들어진 돌연변이들에 의해 모든 카나바닌 내성 콜로니들이 생긴다고 생각할 수 있다. 형질 획득설의 경우, 카나바닌 내성 콜로니들의 개수는 효모가 배양액 속에서 배양된 시간과 무관하게 고체배지에 뿌려진 총 효모의 개수와 효모의 CAN1 유전자의 돌연변이 확률에 의해서만 결정되게 된다. 형질 획득설이 맞을 경우 카나바닌 내성 콜로니들의 분포는 수학적으로 푸아송 분포 Poisson distribution를 따르게 되는데, 따라서 우리는 라마르크의 진화 메커니즘에 기반해서 루리아 – 델브뤽 실험을 시뮬레이션한 뒤 이들이 정말 푸아송 분포를 따르는지 살펴보았다.

푸아송 분포는 카나바닌 내성 효모의 진화와 같이 확률적으로 매우 희박한 사건들이 독립적으로 일어날 때 보여주는 확률 분포로, 비대칭으로 한쪽이 눌린 종 모양의 형태를 가진다. 예를 들어 평균적으로 1시간에 하나의 카톡방에서 카카오톡 대화가 시작되는 상황을 생각해보자. 서로 다른 카톡방에서 오는 카톡 알림들이 서로 관련이 없다고 가정할 때, 10분간 자리를 비웠다가 돌아왔을 때 쌓여 있는 카톡 알림의 개수는 푸아송 분포를 띄게 된다. 앞서 설명한 인형 뽑기의 경우에도 인형을 뽑을 수 있는 확률이 5%로 매우 희박하기 때문에 예를 들어 5번 뽑기를 시도했을 때 뽑는 데 성공하는 인형의 개수도 푸아송 분포를 띄게 된다. 확률적으로 흔

한 사건들은 이항분포 binomial distribution를 띄게 된다. 예를 들어 일주일 동안 바빠서 카카오톡을 열지 못했다가 확인할 때 읽어야 하는 카톡의 개수는 이전의 예시처럼 카톡이 1시간에 1개씩 올 경우 168개로 푸아송 분포보다는 대칭에 가까운 종 모양의 이항분포를 띄게 된다.

푸아송 분포의 특징은 '짧은 꼬리' short tail를 가진다는 것이다. 달리 말하면 평균값에서 멀어질수록 확률은 기하급수적으로 줄어들게 된다. 앞서든 예시의 상황을 다시 생각해보자. 잠시 다른 일을 하다 10분 뒤 카카오톡을 확인했는데 서로 관련이 없는 20개의 카카오톡 단체 톡방에서 우연히 카톡 대화가 시작되는 상황은 확률적으로 매우 희박할 것이다. 즉, 푸아송 분포를 따르는 사건이 단위 시간당 평균적으로 1번 일어날 때 이 사건이 단위시간에 50번 일어날 확률은 상상하기 어려울 정도로 작아서 일어나지 않을 것이라고 무시할 수 있다. 루리아－델브뤽 실험에서 라마르크식 진화 메커니즘을 대표하는 형질 획득설이 올바를 경우에 대한 카나바닌 내성 콜로니 개수 분포 그래프를 살펴보자. 야생형 효모 WT와 유전자 조작 효모 MHS2 돌연변이 효모 각각의 카나바닌 내성 콜로니 개수 분포를 푸아송 분포를 구하는 수식으로 계산하거나 시뮬레이션을 통해 구해 나타내었다. 그래프에서 보이는 확률 분포에서 살펴볼 수 있듯이 약 200번의 시뮬레이션 중 10개 이상의 카나바닌 내성 콜로니가 나타난 시뮬레이션은 야생형과 MSH2 돌연변이 효모 모두에서 하나도 없었다. 이를 통해 우리는 형질 획득설이 맞을 경우 카나바닌 내성 콜로니 개수의 분포는 푸아송 분포를 띄며, '짧은 꼬리'를 가지게 될 것임을 예측할 수 있다.

라마르크의 진화 메커니즘이 올바를 경우 나타나는 푸아송 분포의 '짧은 꼬리'는 수학적으로 어떻게 정의할 수 있을까? 앞서 루리아와 델브뤽의 1943년 실험의 결과를 설명하며 언급한 적이 있는 파노 인자는 한 확률 분포의 분산을 이의 평균으로 나눈 값으로, 확률분포가 얼마나 넓게 퍼져 있는지 말해주는 척도로 사용이 된다. 앞서 언급하였듯이, 푸아송 분포와 무작위적 표본채집의 경우 파노 인자는 1이다. 즉 확률 분포가 넓게 퍼져 있지 않고, '대박'이 나서 어마어마하게 예외적인 수치를 얻을 확률은 매우 작아 무시될 수 있다.

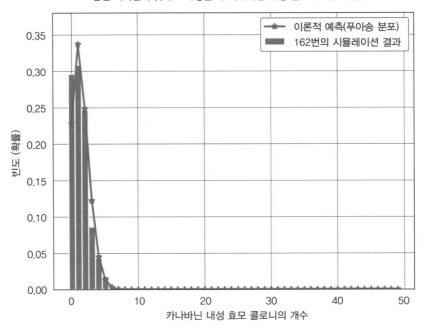

야생형 효모(1,250만 개)
형질 획득설이 맞다고 가정할 때 카나바닌 내성 콜로니 개수의 분포

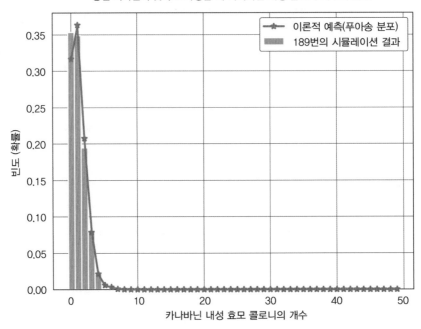

MSH2 돌연변이 효모(127만 개)
형질 획득설이 맞다고 가정할 때 카나바닌 내성 콜로니 개수의 분포

루리아–델브뤽 실험에서 라마르크식 진화 메커니즘을 대표하는 형질 획득설이 올바를 경우에 대해 야생형 효모 또는 MHS2 돌연변이 효모의 카나바닌 내성 콜로니 개수 분포 그래프. 라마르크식 메커니즘만이 카나바닌 내성 효모의 진화에 기여한다고 가정할 때 내성 콜로니 개수의 예상 분포는 푸아송 분포를 띈다. 푸아송 분포는 '짧고 가벼운 꼬리'로 특징 지어 나타낼 수 있다. 다른 말로 하면, 실험에서 내성 콜로니 개수가 평균보다 수십 배 크게 나올 확률이 거의 0에 가깝다.

▌다윈의 진화론이 맞을 경우에 대한 시뮬레이션

반대로, 무작위 돌연변이설이 완전히 틀리지 않았다고 가정해보자. 많은 카나바닌 내성 효모가 형질 획득설에 의해 진화한다고 해도, 카나바닌 내성 효모 중 일부분이라도 무작위 돌연변이설에 의해 진화한다면 이들이 카나바닌 내성 콜로니의 개수분포에 미치는 영향은 매우 클 것으로 예상이 된다. 무작위 돌연변이설에 의해 진화한 카나바닌 내성 효모들은 카나바닌이 첨가되지 않은 배양액에서 자라는 도중 카나바닌 내성 돌연변이를 획득했을 것이다. 새로 만들어진 카나바닌 내성 돌연변이들은, 카나바닌 내성 효모가 번식을 통해 자손을 만드는 만큼 더 많은 수의 효모에게 퍼지게 된다. 즉, 카나바닌이 첨가된 고체배지에서 발견되는 카나바닌 내성 콜로니들의 카나바닌 내성 돌연변이들 중 일부는 콜로니를 만들어낸 효모에서 새로 만들어진 de novo 돌연변이가 아니라 부모로부터 물려받은 돌연변이이다. 따라서, 다윈식 진화 메커니즘이 작용한다면 라마르크식 진화 메커니즘 형질 획득설 만 작용할 때처럼 카나바닌 내성 콜로니의 개수가 카나바닌 고체배지에 뿌려진 효모들의 총 개수와 CAN1 유전자의 돌연변이율에 의해서만 결정되지 않고, 배양액이 배양되는 동안 효모가 세포분열을 거친 횟수에도 큰 영향을 받게 된다. 예를 들어 카나바닌 내성 돌연변이가 카나바닌 고체배지에 뿌려지기 10세대 전 약 15시간 전 에 발생했다고 가정해보자. 이 카나바닌 내성 효모와 그 자손들이 죽지 않고 계속해서 번식에 성공하였다면, 배양액이 카나바닌 고체배지에 뿌려질 시점에 약 1,024개의 카나바닌 내성세균이 존재하게 되고, 매우 많은 수의 카나바닌 내성 콜로니를 카나바닌 고체배지 위에 만들게 된다. 이렇게 예외적으로 매우 많은 수의 카나바닌 내성 효모를 얻는 실험의 결과를 '대박이 터진 사건' jackpot이라고 부를 수 있다.

다윈식 진화 메커니즘이 틀리지 않았다면, 카나바닌 내성 콜로니 개수의 분포는 적지만 존재하는 몇 개의 '대박이 터진 사건'들 때문에 '긴 꼬리'를 가지게 된다. 무작위 돌연변이설이 바르다고 가정하고 루리아-델브뤽 실험의 시뮬레이션을 한 결과, 한 고체배지에 60개 이상의 카나바닌 내성 콜로니가 발견되는 등 '대박'사건들이 관찰되었고, 10개 이상의 카나바닌 내성 콜로니가 발견된 확률이 5%가 넘는 등 넓게 퍼진 확률 분포를 확인할 수 있었다. 무작위 돌연변이설이 바르다고 가정했을 때 카나바닌 내성 콜로니 개수 분포의 파노 인자는 30 이상으로, 형질 획득설에 따른 시뮬레이션의 결과로 얻은 확률 분포의 파노 인자인 1보다 매우 크다.

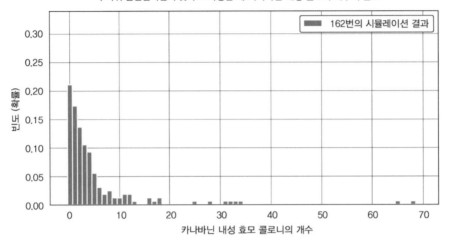

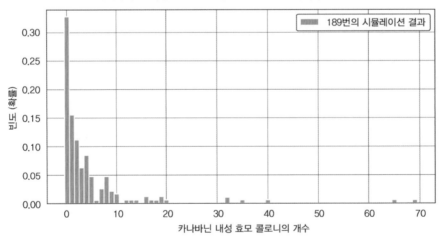

루리아 – 델브뤽 실험에서 다윈식 진화 메커니즘을 대표하는 무작위 돌연변이설이 올바를 경우에 대한 야생형 효모 또는 MHS2 돌연변이 효모의 카나바닌 내성 콜로니 개수 분포 그래프. 다윈식 메커니즘이 카나바닌 내성 효모의 진화에 기여한다면 내성 콜로니 개수의 예상 분포는 '길고 무거운 꼬리'로 특징 지어 나타낼 수 있다. 다른 말로 하면, 실험에서 내성 콜로니 개수가 평균보다 수십 배 크게 나올 확률이 실험을 통해 쉽게 확인할 수 있을 정도로 크다.

	형질 획득설이 맞을 경우		무작위 돌연변이설이 맞을 경우	
	정상 효모 (WT)	유전자 조작 효모 (MSH2 MUT)	정상 효모 (WT)	유전자 조작 효모 (MSH2 MUT)
카나바닌 내성 콜로니 개수 평균	1.33	1.08	5.95	5.97
카나바닌 내성 콜로니 개수 분산 (variance)	1.519	1.163	186.84	227.42
파노 인자 (Fano Factor)	$\frac{1.519}{1.33} = 1.149$	$\frac{1.163}{1.08} = 1.079$	$\frac{186.84}{5.95} = 31.40$	$\frac{227.42}{5.97} = 38.07$

무작위 돌연변이설로 더욱 잘 설명할 수 있는 루리아 - 델브뤽 실험의 결과

이제 실제 실험 결과를 살펴보자. 실험 결과를 통해 얻은 카나바닌 내성 콜로니 개수 분포의 파노 인자는 14 이상으로, 다윈의 진화 메커니즘이 작용했음을 확인할 수 있다. 1보다 훨씬 큰 파노 인자는 일부 실험에서 예외적으로 평균보다 훨씬 많은 카나바닌 내성 콜로니가 만들어지는 '대박'사건이 적지 않게 일어났음을 보여준다. 이러한 '대박'사건이 일어나기 위해서는 카나바닌에 노출되기 전에 카나바닌 내성 돌연변이가 효모에 발생한 후 번식을 통해 여러 자손으로 퍼지는 것이 필요하다. 즉, 카나바닌에 노출되기 전에 몇몇 효모에게 카나바닌 내성 돌연변이가 생겼고, 카나바닌에 노출되고 나서 이들이 자연선택에 의해 선택되어 카나바닌 내성 콜로니를 만들어냈음을 의미한다.

실험 결과를 통해 얻은 평균 카나바닌 내성 콜로니 개수는 3~3.5개로, 무작위 돌연변이설을 가정한 시뮬레이션을 통해 얻은 수치인 6개보다는 적지만 형질 획득설을 가정한 시뮬레이션의 결과인 1개보다는 훨씬 크다. 무작위 돌연변이설이 맞았다면 왜 카나바닌 내성 콜로니 개수가 시뮬레이션 결과보다 작을까? 그 이유로 측정 오류를 들 수 있다. '대박'사건이 일어난 실험에서는 카나바닌 내성 콜로니가 정확하게 세는 것이 불가능할 정도로 빼곡하게 자라나게 되는데, 이 경우 서로 다른 콜로니이지만 너무 가까워 분별하는 것이 불가능해 하나로 세지는 경우가 빈번하게 일어나기 때문이다.

만약 효모와 카나바닌을 사용한 루리아 - 델브뤽 실험에서 다윈식 진화 메커니즘이 전혀 작동하지 않았다면 카나바닌 내성 콜로니 개수 분포의 파노 인자는 1과

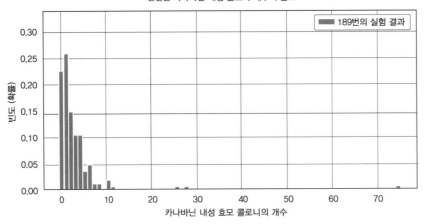

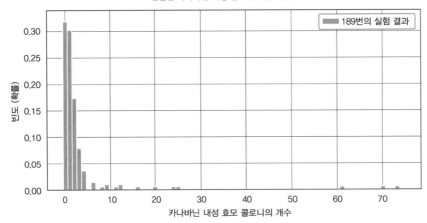

실험을 통해 확인한 카나바닌 내성 효모 콜로니 개수의 분포(총 351개의 실험 데이터). 길고 무거운 '꼬리'를 확인할 수 있다. 내성 콜로니 개수가 70개 이상으로 평균보다 20배 이상 크게 나온 데이터도 확인할 수 있다.

	형질 획득설이 맞을 경우에 대한 시뮬레이션		무작위 돌연변이설이 맞을 경우에 대한 시뮬레이션		실제 실험 결과	
	야생형 효모	MSH2 돌연변이 효모	야생형 효모	MSH2 돌연변이 효모	야생형 효모	MSH2 돌연변이 효모
카나바닌 내성 콜로니 개수 평균	1.33	1.08	5.95	5.97	3.00	3.43
카나바닌 내성 콜로니 개수 분산 (variance)	1.519	1.163	186.84	227.42	43.988	115.45
파노 인자 (Fano Factor)	$\frac{1.519}{1.33}$ =1.149	$\frac{1.163}{1.08}$ =1.079	$\frac{186.84}{5.95}$ =31.40	$\frac{227.42}{5.97}$ =38.07	$\frac{43.988}{3.00}$ =14.66	$\frac{115.45}{3.43}$ =33.67

가깝게 나왔을 것이고, '대박'사건이 없어 '짧은 꼬리'를 가지고 있었을 것이다. 하지만 실제 실험 결과를 통해 얻은 카나바닌 내성 콜로니 개수 분포의 파노 인자는 1보다 매우 크고 '긴 꼬리'를 가지고 있었고, 이를 통해 우리는 다윈식 진화 메커니즘이 작동했음을 알 수 있었다. 하지만 우리는 과연 라마르크식 진화 메커니즘이 전혀 작동하지 않았다고 확신할 수 있을까?

다윈식 진화 메커니즘만으로는 설명할 수 없는 루리아 - 델브뤽 실험의 결과

쿠닌과 울프가 주장한 진화의 세 가지 메커니즘으로 다시 돌아가서 생각해보자. 쿠닌과 울프는 돌연변이가 생기는 원인, 돌연변이가 개체군에서 퍼지는 원인에 따라 진화의 메커니즘을 크게 라마르크식, 다윈식 그리고 라이트식 진화 메커니즘으로 분류하였다. 다윈식과 라이트식 진화 메커니즘에서는 돌연변이가 주변 환경에 영향을 받지 않고 완전하게 무작위적으로 만들어진다. 반대로, 라마르크식 진화 메커니즘에서는 돌연변이가 생물체가 가진 돌연변이 생성 시스템에 의해 환경의 영향을 받아 만들어지고, 돌연변이 생성 시스템은 생물체가 환경에 더 잘 적응할 수 있는 돌연변이만 만들어낸다. 루리아 - 델브뤽 실험은 대장균에서 돌연변이가 환경의 영향을 받지 않고 무작위적으로 일어난다는 것을 보여준 매우 획기적인 실험이었고, 다윈식 또는 라이트식 진화 메커니즘이 생물체의 진화에 중요하게 작용한다는 것을 보여주었다. 하지만 최근 들어서 과학자들은 외부 DNA에 반응해 작동하는 원핵생물의 CRISPR 시스템과 스트레스에 반응해 돌연변이를 생성하는 시스템과 같이 환경에 반응해 작동하는 유사 - 라마르크식 진화 메커니즘이 자연에 존재한다는 것을 조금씩 조금씩 발견하고 있다. 특히 스트레스에 반응해 돌연변이를 생성하는 기작은 암의 진화에서 일부 암세포들이 항암제에 내성을 가지게 되는데 중요한 역할을 하는 것으로 알려져 있다.

현재 두 가지 종류의 CRISPR 시스템이 대장균에서 발견되었다 Díez-Villaseñor et al., 2010. 이 중 대장균의 I-E 타입 CRISPR 시스템은 박테리오파지 대장균을 공격하는 바이러스 가 대장균을 공격했을 때 활발하게 복제되는 박테리오파지의 DNA 조각을 복제가 느리게 일어나는 대장균 자신의 DNA 조각에 대해 선택적으로 대장균의 CRISPR 유전자에 삽입하여 CRISPR 시스템이 박테리오파지의 DNA를 효과적으로 분해할 수 있게 하며, 이 CRISPR 유전자를 자손 대장균들에게 유전을 통해 물려줌으로써 자손 대장균들도 박테리오파지의 감염에 내성을 가질 수 있도록 한다. 즉, 박테리오파지에 감염된 대장균들은 대부분 죽게 되지만 아주 작은 확률로 대장균의 CRISPR 시스템이 때맞춰 효과적으로 작동해 대장균이 박테리오파지의 공격에 내성을 가지게 되는 돌연변이를 가질 수 있게 된다. 루리아와 델브뤽의 실험은 대장균 B 균주와 T1 박테리오파지를 사용하였다. 대장균 B 균주는 CRISPR 시스템을 가지고 있는 것으로 생각이 된다. 대장균 BL21 균주는 대장균 B 균주로부터 만들어졌는데, 대장균 BL21 균주는 계통학적으로 CRISPR 시스템을 가지고 있는 A 그룹에 속한다 Touchon et al., 2011, Sims and Kim, 2011. 대장균의 CRISPR 시스템은 CRISPR 시스템 억제 인자의 영향으로 활발하게 작동하지 않고 있다는 분석 결과도 존재한다 Touchon et al., 2011, Touchon and Rocha, 2010. 하지만 우리는 대장균의 B 균주의 CRISPR 시스템에 의해, 즉 무작위 돌연변이가 아닌 형질 획득을 통해 바이러스 내성 대장균의 진화가 일어났을 가능성을 생각해볼 수 있다. 그렇다면 바이러스 내성 대장균의 진화를 다윈식과 라마르크식 진화 메커니즘 둘 다를 사용한 통합 모델 combined model을 사용해서 설명할 수 있을까?

루리아 - 델브뤽 실험을 최신 통계학 기술인 베이지안 모델 비교 Bayesian Model Comparison 를 사용해 다시 분석한 결과

현재 프린스턴 대학교에서 연구 중인 과학자 캐롤라인 홈즈 Caroline Holmes는 2017년에 동료들과 함께 1943년 루리아와 델브뤽의 실험 결과를 최신 통계학 기술을 사용하여 다시 분석한 결과를 발표하였다 Holmes et al., 2017. 홈즈는 루리아와 델브뤽이 실험 결과로부터 대장균의 진화가 다윈식 진화 메커니즘에 의해 일어난다는 결론을 내린 것이 정량적인 분석이라기보다 정성적인 분석의 결과로 볼 수 있다고 주장하였고, 다윈식 진화 메커니즘만으로는 일부 실험 결과를 완전히 설명할 수 없기 때문에 실제로 라마르크식 진화 메커니즘이 같이 작동했을 가능성을 완전히 기각할 수 없다는 결론을 내렸다. 홈즈는 CRISPR 시스템과 같은 유사 - 라마르크식 진화 메커니즘이 최근 들어서 밝혀지기 시작했음을 고려할 때, 다윈식 진화 메커니즘과 라마르크식 진화 메커니즘이 동시에 작동했을 것이라고 보는 통합 모델 combined model이 100% 다윈식 진화 메커니즘보다 루리아-델브뤽 실험의 결과를 더욱 잘 설명할 수 있다고 생각하였다. 홈즈와 동료들은 베이지안 모델 선택 기법 Bayesian model selection을 사용해서 라마르크식 진화 모델 L, 다윈식 진화 모델 D, 라마르크식+다윈식 진화 모델 C, Combination 모델의 약자의 총 세 가지의 모델을 서로 비교하였다. 홈즈는 루리아와 델브뤽의 22번째 실험을 분석했을 때 다윈식 진화 모델 D과 라마르크식+다윈식 진화 모델 C이 맞을 확률이 크게 다르지 않다는 것을 발견하였다. 이는 라마르크식 진화 메커니즘이 전혀 일어나지 않았을 것이라고 단정 지을 수 없다는 것을 보여준다. 왜냐하면 베이지안 모델 선택 기법은 자동으로 라마르크식+다윈식 진화 모델 C과 같이 복잡한 모델들에게 단순한 모델들과 달리 페널티를 부여하는데, 그런데도 다윈식 진화 모델과 비슷한 가능성을 보여주었기 때문이다. 추가로, 라마르크식+다윈식 진화 모델 C에서 제일 가능성이 있는 라마르크식과 다윈식 진화의 조합은 18 : 82였다. 즉, 대장균의 진화의 약 20%를 라마르크식 진화로 설명하고 80%를 다윈식 진화로 설명하는 것이 제일 그럴듯하다는 것으로, 라마르크식 진화 메커니즘이 조금은 작동했을 수 있었다는 것을 보여준다. 하지만 루리아와 델브뤽의 실험 23의 실험 결과는 다윈식 진화 모델 D 또는 통합 진화 모델 C 모두 설명하지 못했다. 왜냐하면 바이러스 내성 콜로니 개수의 분포가 다윈식 진화 메커니즘으로도 설명할 수 없을 정도로 매우 '길고 무거운 꼬리'를 가지고 있었기 때문이다.

홈즈와 동료들은 루리아와 델브뤽의 1943년 실험 결과를 다시 분석함으로써, 라마르크식 진화 메커니즘이 루리아-델브뤽의 실험에서 작동했을 수 있다는 결론을 얻을 수 있었고, 100% 다윈식 진화 메커니즘이 대장균의 진화에 작동했다고 결론을 내린 루리아와 델브뤽의 결론이 수정돼야 한다고 주장하였다. 이 홈즈의 논문에 적힌 문장 "정말로 루리아와 델브뤽의 1943년 실험 결과가 모든 생물학 교과서가 주장하는 것처럼 그들의 실험 결과가 라마르크식 진화가 불가능함을 증명했다는 것을 보여주는가?" "Does this data actually tell us what every textbook says, and namely that the 1943 experiment has ruled out Lamarckian evolution in favor of Darwinian?" 에서 알 수 있듯이 당시에는 사실로 받아들여지던 실험의 결론이 생물학 지식이 발전하면서 재해석될 수 있다는 것을 보여준다. 이는 집단유전학을 만든 피셔와 라이트가 진화가 자연선택 없이

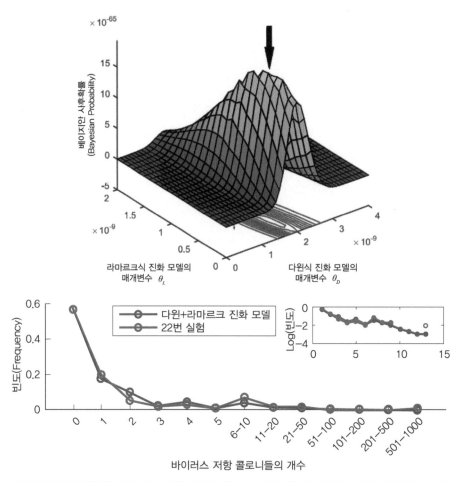

캐롤라인 홈즈가 베이지안 모델 선택 기법을 사용해 1943년 루리아−델브뤽 실험의 결과를 재분석한 결과, 약 80%가 다윈식 진화 모델, 20% 정도가 라마르크식 진화 모델인 통합 모델이 실험 결과를 잘 설명하였다. 대장균에 CRISPR 시스템이 존재함을 생각하면, 라마르크식 진화가 작용했을 가능성을 무시할 수 없다.

유전적 부동에 의해서 무작위적으로 일어날 수 있다는 가능성, 라이트식 진화 메커니즘을 처음으로 밝혔을 때와 같다. 비록 과학자들이 나중에 자연선택, 성선택 sexual selection, 유전적 부동 모두 진화에 중요한 기여를 한다는 것을 인정하기는 했지만, 유전적 부동이 진화의 메커니즘으로 처음 제시되었을 때는 집단유전학에서 이론적으로 예측된 유전적 부동이 과연 실제 생명의 진화에 의미 있는 역할을 하는가에 대해 큰 논란이 있었다. 집단유전학을 만든 피셔 본인이 유전적 부동이 생물의 진화에 기여할 수 있다는 주장에 대해 제일 큰 비판을 할 정도였다. 우리는 루리아와 델브뤽의 실험 결과와 홈즈에 의한 그 결과의 재분석을 통해 과학자들도 아는 만큼만 볼 수 있다는 사실을 알 수 있다. 이미 과학계에서 잘 정립이 되어 있는 이론일지라도 새로이 밝혀지는 근거들에 기반해 재분석하고 수정하는 것이 과학계에서 때때로 필요할 수 있다.

유전적 부동: 진화의 방향이 우연히 정해질 수 있을까

한 연구자가 공공데이터 포털에서 데이터 마이닝 연구를 위해 1TB 용량의 단백질 질량분석 데이터를 내려받는 상황을 생각해보자. 인터넷에서 연구자의 컴퓨터로 내려받은 데이터는 공공데이터 포털에 저장돼 있는 원본 데이터와 완전히 똑같다. 컴퓨터 시스템에서 정보를 주고받을 때 우연히 정보가 바뀔 수 있겠지만, 알고리즘으로 완벽하게 오류를 찾아내 고칠 수 있다.

생물체의 유전정보가 자손들에게 전달되는 과정도 인터넷에서 정보를 내려받는 과정과 비슷하게 이해할 수 있다. 인터넷으로 한 컴퓨터에서 다른 컴퓨터로 정보가 이동하는 것처럼, 생물체가 번식하면 유전정보를 다음 세대로 전해준다. 하지만 컴퓨터 시스템과 생명체가 정보를 주고받는 과정에는 큰 차이점이 있다. 첫 번째로 생명체가 자손에게 유전정보를 전해주는 과정은 완벽하지 않아 원본과 다른 잘못된 정보를 전해줄 수 있다. 생물체는 컴퓨터 시스템처럼 잘못 전해진 정보와 원본 정보를 비교해서 오류를 찾아내 수정할 수 없다. 원본 정보에는 없던 오류인 돌연변이가 자손들에게 전해진다. 두 번째로, 계획적으로 작동하는 컴퓨터 시스템과 달리 유전정보를 가진 생명체의 번식과 죽음은 우연히 일어날 수 있고, 다음 세대로 전달되는 유전정보의 조성 또한 우연히 바뀔 수 있다.

예를 들면, 비타민 C를 합성할 수 있던 영장류 조상 중 우연히 비타민 C를 합성하지 못하는 영장류만 살아남아서 인간을 포함한 유인원과 일부 원숭이로 진화하였을 수 있다 Drouin et al., 2011. 유인원과 일부 원숭이는 비타민을 GLO 유전자 L-gulono-γ-lactone oxidase에 생긴 돌연변이로 간과 신장에서 비타민 C를 합성할 수 없다. 조금 더 일반적으로 이와 같은 현상을 설명하자면, 다음 세대 유전자 풀의 대립유전자 빈도 allele frequency는 부모 세대 유전자 풀의 대립유전자 빈도와 우연히 다를 수 있다.

유전적 부동 Ggenetic drift은 대립유전자 빈도의 우연한 변화를 나타내는 용어이다. 유전적 부동은 20세기 초에 집단유전학 population genetics이 발전하며 깊이 연구가 되기 시작됐다. 유전적 부동은 자연선택과 성선택처럼 종의 진화에 큰 영향을 줄 수 있는 현상이다.

찰스 다윈 Charles Darwin과 알프레드 월리스 Alfred Russel Wallace가 진화론을 발표한 후 통계학이 발전하자 집단유전학이 등장했다. 학생 t 분포 Student's t-distribution를 고안하여 유명한 통계학자 로널드 피셔도 집단유전학의 발전에 기여했다. 로널드 피셔는 유전적 부동 현상을 수학적으로 설명하는 이론인 라이트 － 피셔 모델 Wright-Fisher model을 만들었다.

집단유전학을 대표하는 이론 중 하나로 하디 － 바인베르크 법칙 Hardy-Weinberg principle을 들 수 있다. 하디 － 바인베르크 법칙은 다음 세대로 유전정보가 전달될 때 대립유전자의 빈도가 바뀌지 않을 조건들을 정의한다. 이 조건 중 하나는 유전자 풀을 이루는 집단의 크기가 무한대에 가까울 정도로 매우 커야 한다는 것이다. 집단의 크기가 작으면 우연성이 다음 세대로 전달되는 유전자 풀을 결정하는 데 큰 영향을 준다.

한 투자가가 100만 원으로 투자하는 상황을 생각해보자. 이 돈으로 투자를 할 수 있는 회사가 100개이다. 모든 회사가 다음 달에 성공해서 회사의 가치가 세 배로 성장하거나 실패해서 가진 돈을 모두 잃을 확률이 50%로 똑같다고 가정하자. 만약 투자가가 100만 원을 모두 한 회사에 투자한다면, 한 달 뒤 이 투자가는 50%의 확률로 200만 원을 벌거나, 가진 돈을 모두 잃는다. 하지만 만약 투자가가 만 원을 100개의 회사에 각각 투자하면, 이 투자가가 한 달 뒤 자금을 모두 잃을 확률은 매우 적고, 50만 원에 가까운 돈을 안전하게 벌 수 있다.

또 다른 예로 주사위를 여러 번 던져서 주사위 눈의 평균을 구하는 상황도 생각해볼 수 있다. 한 번만 던진다면, 주사위 눈의 평균은 1부터 6까지 1/6의 확률로 우연히 정해질 것이다. 즉, 결과가 우연성에 큰 영향을 받을 것이다. 하지만 주사위를 100번 던진다면, 주사위 눈들의 평균은 주사위 눈들 1, 2, 3, 4, 5, 6의 평균인 3.5에 가까울 것이라고 우리는 확신할 수 있다.

위 제시된 예시와 유전적 부동 현상은 크게 다를 것이 없다. 주사위를 던져서 숫자 3이 나올 확률이 1/6인 것처럼, 대립유전자들이 다음 세대로 전달될 때 특정 대립유전자가 다음 세대로 전달될 확률들을 생각해볼 수 있다. 이 확률들은 해당 대립유전자에 작용하는 자연선택과 성선택, 이전 세대의 대립유전자 빈도로 결정된다. 다음 세대를 이루게 될 자손의 수가 많다면 − 즉 다음 세대로 전달된 대립유전자들의 개수가 많아서 주사위를 여러 번 던지는 상황이라면 − 다음 세대의 대립유전자 빈도를 자연선택과 성선택의 영향을 고려해서 높은 정확도로 예측할 수 있다. 다음 세대를 이루게 될 자손의 수가 몇 안 된다면 − 다음 세대로 전달된 대립유전자들의 개수가 매우 적어 주사위를 한두 번만 던지는 상황이라면 − 다음 세대의 대립유전자 빈도를 정확하게 예측하는 것은 힘들어진다.

계산 생물학자 computational biologist인 쿠닌 Eugene V. Koonin은 2009년에 발표한 논문에서 한 진화 현상을 3가지의 요소로 분해해서 분석할 수 있다고 주장했다. 첫 번째는 다윈식 진화 요소 Darwinian mode of evolution로, 생물체 집단이 자연선택에 의해서 특정 방향으로 진화하는 정도를 나타낸다. 두 번째는 라마르크식 진화 요소 Lamarckian mode of evolution로, 생물체가 환경에 반응해 자신의 유전정보를 특정한 방향으로 변화시키는 정도를 나타낸다. 마지막은 라이트식 진화요소 Wrightian mode of evolution로, 생물체 집단이 유전적 부동 현상으로 우연히 변하는 정도를 나타낸다. 여기서 라이트는 유전적 부동 현상을 수학적으로 기술한 과학자 중 한 명이다. 쿠닌은 한 진화 현상을 100% 다윈식, 100% 라이트식 완전히 우연히 일어난 현상 또는 100% 라마르크식 진화요소만 사용해서 설명할 수는 없다고 주장했다.

예를 들어 쿠닌은 대장균과 같은 원핵생물에 존재하는 크리스퍼 시스템 CRISPR, Clustered Regulary Interspaced Short Palindromic Repeat, 주기적으로 간격을 띄우고 분포하는 짧은 회문구조 반복 서열 시스템 중 어떤 시스템은 상당한 라마르크식 진화요소를 가지고 있고, 어떤 시스템은 상당한 다윈식 진화요소를 가지고 있다고 하며, 대부분의 진화 현상이 양극단에 위치하기보다는 다윈식 진화, 라마르크식, 라이트식 진화의 중간 어딘가에 놓일 수 있다고 주장하였다.

이제 1950년대에 유전적 부동을 초파리를 모델 생물로 사용해 관찰한 피터 부리에 Peter Buri의 실험을 따라가며 유전적 부동의 특성과 이를 설명하는 수학적 모델을 파이썬 언어를 사용하여 탐구해보자.

유전자 부동의 소개

진화의 메커니즘은 크게 라이트식, 다윈식, 라마르크식으로 나눌 수 있다 Koonin and Wolf 2009. 진화의 메커니즘 중 하나인 라이트식 진화 방식은 완전한 무작위적 진화 방식을 나타낸다. 즉, 라이트식 진화 방식은 무작위적으로 생긴 돌연변이가 유전적 부동에 의해서 한 개체군에서 무작위적 고정이 되는 경우이다. 대립유전자가 사라져서 한 개체군의 유전자 풀이 한 가지만의 유전형만을 가지게 되는 경우 그 대립유전자가 집단 내에 고정이 되었다고 표현한다. 라이트식 진화방식을 이해하기 위해 유전적 부동이 어떻게 일어나고, 언제 중요해지는지 알아야 한다.

피터 부리에의 유전적 부동 실험과 그 결과를 설명하기 전에 간단하게 유전적 부동이 무엇인지 알아보고, 이 과정이 어떻게 무작위적으로 한 개체군의 대립유전자 빈도를 시간이 지남에 따라서 바꿀 수 있는지 엠앤엠즈 M&M's 초콜릿을 사용해서 생각해보자. 한 개체군의 대립유전자 빈도는 자연선택과 성선택의 영향을 받을 뿐만이 아니라, 그 개체군이 겪을 수 있는 무작위적인 사건들에 의해서 영향을 받을 수 있다. 예를 들어서, 형형 색깔의 맛있는 엠앤엠즈 초콜릿이 가득 들어 있는 봉지를 생각해보자. 엠앤엠즈 초콜릿의 색깔에는 빨간색, 오렌지색, 노란색, 초록색, 초콜릿색의 6가지 색깔이 있다. 한 꼬마가 일부러 노란색 엠앤엠즈 초콜릿만 골라서 먹는다면, 엠앤엠즈 초콜릿 봉지 속 노란색 초콜릿의 비율은 점점 감소한다. 노란색 초콜릿을 선택적으로 골라 먹는 행위는 자연선택이 개체의 생존과 번식에 악영향을 주는 대립유전자를 제거하는 과정과 비슷하며, 무작위적이라고 할 수 없다.

하지만 또 다른 방법으로도 초콜릿의 비율을 바꿀 수 있다. 완전한 무작위적인 과정으로 노란색 엠앤엠즈 초콜릿의 비율이 크게 바뀔 수 있다. 엠앤엠즈 초콜릿이 담겨 있는 봉투에 작은 틈이 생겨서 봉지를 들고 돌아다니는 동안 초콜릿이 알게 모르게 바닥에 떨어졌다. 자 이제 초콜릿 6개만 봉지에 남은 경우를 상상해보자. 우리는 남아 있는 6개 엠앤엠즈 초콜릿이 이 사건이 일어나기 전의 엠앤엠즈 초콜릿을 대표한다고 기대할 수 없다. 남아 있는 초콜릿 중 노란색 엠앤엠즈 초콜릿의 비율도 전에 비해 달라졌을 것이다. 초콜릿이 바닥에 떨어지기 전에 60개 중 10개가 노란색 초콜릿이었다면, 초콜릿이 바닥에 떨어지고 남은 6개 중 정확히 1개만 노란색일 가능성은 크지 않을 것이다. 이 경우에 우리는 남아 있는 6개의 초콜릿들 중 평균적으로 1개가 노란색 초콜릿이라고 예측할 수는 있지만, 실제로 남아 있는 노란색 엠앤엠즈 초콜릿의 개수는 특정한 확률에 의해 무작위적으로 정해질 것이다. 그럴 확률은 낮겠지만, 노란색 엠앤엠즈 초콜릿은 하나도 남아 있지 않을 수 있고, 남아 있는 6개가 모두 노란색 엠앤엠즈 초콜릿일 수 있다. 만약 초콜릿을 바닥에 흘리고 나서 엠앤엠즈 초콜릿 봉지 속에 엠앤엠즈 초콜릿이 2개밖에 안 남았다면, 남아 있는 모든 엠앤엠즈 초콜릿이 모두 노란색이거나 모두 노란색이 아닐 확률은 6개가 남아 있을 경우보다 클 것이다. 남아 있는 엠앤엠즈 초콜릿의 수가 적을수록, 남아 있는 엠앤엠즈 초콜릿 중 노란색 엠앤엠즈 초콜릿의 비율이 초콜릿이 바닥에 떨어지기 전의 노란색 엠앤엠즈 초콜릿의 비율과 우연히 다를 확률이 크다는 결론을 내릴 수 있다.

자연선택이나 성선택의 영향을 크게 받지 않고 있는 대립유전자가 부모 세대에서 자손으로 전달이 될 때, 자손 대립유전자의 비율은 부모 세대의 비율과 우연히 달라질 수 있다. 위의 예에서와 같이 자손의 수가 적으면 적을수록 자손 세대의 대립유전자 빈도가 부모 세대의 비율과 달라질 확률이 커진다.

부리에 실험

집단유전학이 처음으로 만들어지고 나서 1940년대와 1950년대에 과학자는 실험실에서 초파리와 같은 모델 생물에 작용하는 자연선택과 성선택의 세기를 측정하기 시작하였다. 이 당시 피터 부리에는 대학원에서 이러한 실험을 하는 학생 중 한 명이었다. 노랑초파리 *Drosophila melanogaster*는 야생형 wild type일 때 짙은 빨간빛의 눈을 가진다. 부리에는 야생형과 다른 선홍색, 주황색, 하얀 색깔의 눈을 가진 돌연변이 노랑초파리들을 가지고 서로 다른 색깔의 눈을 가진 초파리에 작용하는 자연선택과 성선택의 세기를 측정하고 자연선택, 성선택과 유전적 부동 사이의 상호작용을 탐구하고자 하였다. 1956년에 부리에는 두 개의 눈 색깔이 존재하는 작은 초파리 개체군에 작용하는 유전적 부동 현상을 측정하고 분석한 논문을 발표하였다 Buri, 1956.

우리는 부리에가 그의 돌연변이 초파리들을 가지고 한 실험에 대해서 알아보고, 실험 결과를 살펴보며 유전적 부동의 특성에 대해 공부해볼 것이다. 또한 우리는 파이썬으로 부리에의 실험을 개체군의 크기를 달리해가며 시뮬레이션을 해볼 것이고, 개체군의 크기가 유전적 부동의 세기에 미치는 영향을 알아볼 것이다. 추가로 우리는 유전적 부동을 수학적으로 기술하는 모델인 라이트─피셔 모델에 대해서 배워보고, 이 수학 모델을 사용해 부리에의 유전적 부동 실험의 결과를 자세히 설명해볼 것이다. 라이트─피셔 모델은 1931년 집단유전학을 처음으로 만든 것으로도 유명한 라이트와 피셔에 의해 유전적 부동을 수학적으로 기술하고자 만들어졌다.

초파리의 눈 색깔을 결정하는 유전자

부리에가 실험에 사용한 초파리의 유전자형은 bw75/bw75; st/st, bw75/bw; st/st 그리고 bw/bw; st/st였다. 25°C에서 자랐을 때 대립유전자 bw75에 대해서 동형접합 homozygous인 초파리 bw75/bw75; st/st의 눈 색깔은 다홍색 scarlet이고, 이형접합 heterozygote인 초파리 bw75/bw; st/st는 연한 주황색 light orange, 대립유전자 bw에 대해서 동형접합인 초파리 bw/bw; st/st들은 하얀색 white이었다. 두 유전자 bw+와 st+는 각각 막 관통 단백질 '갈색' brown과 '다홍색'을 암호화하고 있다. '갈색'과 '다홍색' 단백질은 각각 w+ 유전자에 의해 암호화된 또 다른 막 관통 단백질 '하얀색'과 결합하여 이종 이량체 heterodimer들을 형성하고, 초파리의 눈에서 색소를 만드는 데 필요한 전구체를 세포 내로 이동시키게 된다. 단백질 '갈색'과 '하얀색'이 결합해서 만들어진 이종 이량체 막 단백질은 돌소프테린 drosopterin이라고 불리는 다홍색 색소를 만드는 데 필요한 전구체를 세포 내로 이동시키게 된다. 단백질 '다홍색'과 '하얀색'이 결합한 경우는 잔토마틴 xanthommatin이라고 불리는 갈색 색소의 생성에 필요한 전구체를 세포 내로 이동시킨다. 야생형 초파리의 눈은 붉은 기를 띤 갈색 red-brown으로, 다홍색과 갈색 색소 모두 가지고 있다. '갈색' 단백질이 없는 경우 bw/bw, 다홍색 색소를 만들 수 없어 눈의 색깔이 갈색이 된다. '다홍색' 단백질이 없는 경우 st/st, 갈색 색소를 만들 수 없어 눈의 색깔이 다홍색이 된다. '갈색'과 '다홍색' 단백질이 둘 다 없는 경우 bw/bw; st/st나 '하얀색' 단백질이 없는 경우 w/w, 다홍색과 갈색 색소 둘 다 만들 수 없어 눈 색깔이 하얀색이 된다. 부리에가 자신의 실험에 사용한 초파리들이 가지고 있는 대립유전자인 bw75는 75번째로 찾아진 bw 유전자의 돌연변이로, 1950년에 연구자 슬레이티스 Slatis 의 다홍색의 눈을 가진 초파리 bw+/ bw+; st/st

에 X선을 쪼여서 눈의 색깔이 달라진 초파리를 골라내어 찾은 돌연변이다. bw+와 bw 대립유전자 같이, bw75 유전자는 초파리의 눈 색깔을 바꾼다. bw75에 대해서 동형접합인 초파리 bw75/bw75; st/st는 어렸을 때 밝은 다홍색의 눈을 가지고, 나이가 들면서 눈의 색깔이 갈색으로 변하며 점점 어두워진다. 마찬가지로 이형접합인 초파리 bw75/bw; st/st들은 어렸을 때 연한 주황색 눈 색깔을 가지고, 시간이 지나며 눈 색깔이 어두워진다.

이 눈 색깔들은 초파리들이 자라는 온도에도 큰 영향을 받는다. 부리에는 자신의 유전적 부동 실험을 위해서 초파리들을 항상 따뜻한 25°C에서 키웠어야만 했는데, 이는 20°C 정도의 낮은 온도에서 자란 경우 bw75 동형접합 초파리들과 이형접합 초파리들의 눈 색깔 차이가 사라져서 이 두 유전자형을 표현형으로 구분하는 것이 불가능했기 때문이다.

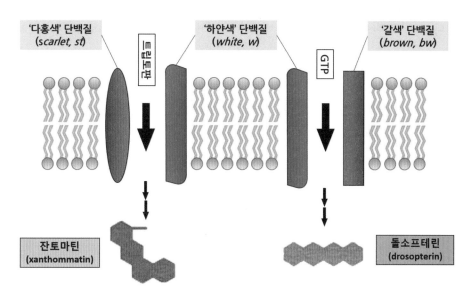

초파리 눈의 색깔을 결정하는 유전자 두 개에 돌연변이가 생기면, 다홍색, 갈색 또는 하얀색 눈 색깔이 만들어진다.*

* 출처 : http://bio3400.nicerweb.com/Locked/media/ch04/Drosophila-gene_interaction.html
  Modified from Influence of the White Locus on the Courtship Behavior of Drosophila Males
  DOI : 10.1371/journal.pone.0077904 · Source : PubMed

비좁은 우리 실험

부리에는 대립유전자 bw75와 bw에 작용하는 자연선택 또는 성선택의 세기를 측정하고자 시도하였다. 하지만 몇 가지 실험을 통해 부리에는 두 대립유전자 사이에 통계적으로 유의한 자연선택 또는 성선택이 작용하지 않고 있다고 결론을 내렸다. 부리에가 연구하려던 새로운 돌연변이 bw75는 초파리의 눈 색깔을 연한 주황색으로 바꿨다. 부리에는 bw75 돌연변이로 연한 주황색 눈의 초파리가 기존의 bw 돌연변이를 가진 하얀색 눈의 초파리에 비해 자연선택 또는 성선택적으로 유리한지 궁금했다. 집단유전학적인 관점에서 그는 bw75 유전자의 bw 유전자에 대한 상대적인 적응도 relative selective value or fitness를 측정했다. '비좁은 우리 실험' cage experiment은 초파리에 작용하는 자연선택과 성선택의 세기를 측정할 수 있는 유명한 실험방법이다.

LB 액체 배지 대장균을 배양하고 오랜 시간이 지나면 대장균이 뿌옇게 자라게 된다. 이것과 비슷하게 부리에의 비좁은 우리 실험에서는 500mL의 작은 상자에 100마리의 초파리를 넣고, 한두 달간 배양을 해 수천 마리의 초파리들이 자랄 때까지 기다린다. 이후 관심이 있는 대립유전자의 빈도가 시간이 지나면 어떻게 변화하는지 측정해본다. 부리에는 7개의 비좁은 우리를 준비해서 각각의 우리에 100마리의 이형접합인 초파리 bw75/bw; st/st를 집어넣고, 7개의 비좁은 우리를 180일 동안 배양하였다. 100마리의 이형접합인 초파리들은 50마리의 이형접합 암컷과 수컷으로 구성되어 있었다. 개체군에서 bw75 대립유전자의 빈도를 측정하기 위해 부리에는 3주마다 먹이를 주고 새 유리병을 6시간 뒤 비좁은 우리에서 꺼내고, 병 안에서 먹이를 먹고 있는 초파리들을 모았다. 부리에는 눈 색깔이 밝은 다홍색인 초파리의 수, 연한 주황색인 초파리의 수, 하얀색인 초파리의 수를 세어 개체군에서의 bw75 대립유전자의 빈도를 계산했다. 부리에는 측정이 끝나면 유리병과 그 안의 초파리를 다시 우리 안으로 넣었다.

	눈 색깔	유전형
bw75 동형접합	밝은 다홍색	bw75/bw75; st/st
이형접합	연한 주황색	bw/bw75; st/st
bw 동형접합	하얀색	bw/bw; st/st

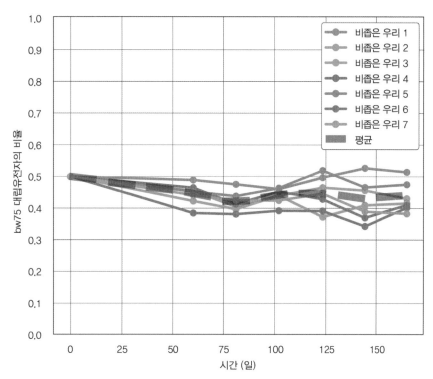

눈 색깔을 바꾸는 유전자들의 생태적인 적합성을 비교하기 위해 부리에가 진행한 우리(cage) 실험. 수천 마리의 초파리들이 먹이가 제한된 500mL의 작은 공간 안에서 5달간 키워졌으며, 두 경쟁하는 대립유전자의 빈도가 일정 시간 간격을 두고 측정됐다.

시간(일)	7개의 비좁은 우리에서 약 5달간의 bw75 대립유전자 빈도의 변화						
	I	II	III	IV	V	VI	VII
0	0.5	0.5	0.5	0.5	0.5	0.5	0.5
60	0.4907	0.4598	0.4231	0.4673	0.4527	0.3853	0.442
81	0.4757	0.4044	0.3985	0.4156	0.4377	0.3833	0.4244
102	0.4613	0.4405	0.4459	0.4545	0.4638	0.3944	0.4263
123	0.4987	0.4655	0.375	0.4296	0.5209	0.3941	0.4459
144	0.5282	0.4574	0.4087	0.3706	0.4665	0.3425	0.3913
165	0.5138	0.4326	0.4167	0.4103	0.4771	0.4019	0.3842

부리에는 7개 우리에서 bw75 대립유전자의 빈도에 일관적인 변화가 없었음을 관찰하게 되었다. 이는 bw75 대립유전자가 bw 유전자보다 자연선택 또는 성선택적으로 유리한 점이 없다는 것을 의미한다. 비록 처음 2달간은 개체군에서의 bw75 대립유전자의 빈도 평균이 조금 줄어들었긴 하지만, 남은 3달간의 실험 기간 동안

bw75 대립유전자의 빈도 평균은 증가하거나 감소하지 않았다. 만약 bw75 대립유전자가 자연선택 또는 성선택적으로 유리했다면, bw75 대립유전자의 빈도는 실험일 수가 증가할수록 단조롭게 증가하여야 한다. 이러한 단조로운 증가 또는 감소가 없다는 것은 bw75 와 bw 두 대립유전자가 가진 적합성 fitness 수치가 같고, 자연선택이나 성선택이 대립유전자 빈도를 바꾸는 데 크게 기여할 수 없음을 의미한다. 부리에는 자신의 논문에서 bw75와 bw 두 대립유전자가 가진 적합성 수치가 자신의 실험에서는 같게 측정이 되었지만, 이 수치들은 온도 같은 환경의 영향을 받아 달라질 가능성이 있다고 주장하였다. 만약 초파리들이 25℃가 아닌 다른 온도에서 자랐다면, bw75 대립유전자의 빈도가 자연선택에 의해서 변화했을 수 있었다는 것이다. 나중에 살펴보겠지만, 비좁은 우리 실험의 초기에 bw75 대립유전자의 빈도 평균이 줄어들 수 있었던 것은 유전적 부동의 효과였을 수 있다. 비좁은 우리 실험이 100마리의 초파리로 시작이 되었을 때 유전적 부동이 작용하여 bw75 대립유전자의 빈도가 시작점인 0.5로부터 멀어졌을 수 있었다는 것이다

부리에는 '선택 실험'이라고 불리는 또 다른 실험을 사용해서 bw75 대립유전자를 가진 초파리들에게 작용하는 성선택의 크기를 측정했다. '선택 실험'에서는 밝은 다홍색 눈 bw75 동형접합, 연한 주황색 눈 이형접합, 하얀색 눈 bw 동형접합을 가진 암컷 / 수컷끼리 만났을 때 얼마나 짝짓기에 성공하는지, 짝짓기 경쟁에서 어떤 유전형이 성공적인지를 측정했다. 대부분 조합에서 통계적으로 유의한 짝짓기의 성공률의 차이가 존재하지 않았다. 부리에는 '비좁은 우리 실험'과 '선택 실험'으로 bw75와 bw 두 대립유전자에 작용하는 성선택과 자연선택의 크기를 무시할 수 있다는 결론을 얻게 되었다. 우리는 다음에 살펴볼 부리에의 유전적 부동 실험에서 자연선택 또는 성선택이 bw75 대립유전자의 빈도를 변화시키지 않으리라 판단할 수 있다. 우리가 살펴볼 유전적 부동 실험의 결과가 유전적 부동만이 작용한 결과라고 생각할 수 있다.

유전적 부동 실험

유전적 부동을 수학적으로 기술하는 모델인 라이트 – 피셔 모델은 이미 1931년부터 잘 알려져 있었지만, 변인이 통제된 실제 실험을 통해 유전적 부동 현상을 관찰

하려는 시도는 없었다. 부리에는 앞에서 살펴본 두 실험을 통해 bw와 bw75 두 대립유전자의 적응도 fitness가 거의 같다는 것을 알 수 있다. 부리에는 유전적 부동의 효과를 bw75 대립유전자 빈도의 변화를 통해 관찰할 수 있는 실험을 계획하게 되었다. 피터 부리에와 진화를 연구하는 다른 과학자는 실험적으로 유전적 부동 현상이 언제 나타나는지 잘 알고 있었다. 그들은 이 효과를 표본채집 오류 sampling accidents라고 언급하였다. 세균이나 인간 세포와 달리 초파리는 냉동보관이 될 수 없기 때문에, 초파리를 가지고 연구를 하는 과학자들은 초파리들을 먹이를 주며 계속해서 키워야 한다. 초파리 배양이 시작된 후 시간이 지나 병 안이 초파리로 가득 차면, 과학자는 병 안에서 몇 마리의 초파리만 꺼내서 먹이가 담긴 새 병 안에 넣게 된다. 앞서 엠앤엠즈 초콜릿을 가지고 살펴본 예와 같이, 초파리로 가득 찬 병 안에서 초파리 몇 마리를 꺼낼 때 이들이 병 안의 초파리 개체군 전체를 대표할 수 없을 확률이 높다. 이를 과학자들은 '표본채집 오류'라고 불렀고 새로운 병으로 옮겨지는 초파리의 수가 작을수록 '표본채집 오류'가 커진다는 것을 인식하고 있었다. 부리에는 유전적 부동 실험 random drift experiment을 디자인할 때, 이 '표본채집 오류'를 사용하였다. 오래된 병에서 새 병으로 초파리들을 옮길 때, 부리에는 딱 8마리의 수컷과 8마리의 암컷, 총 16마리의 초파리만 새 병으로 옮겨서, 옮기는 과정에서 있을 수 있는 '표본채집 오류'를 최대화하였다. 첫 번째 세대는 이형접합인 초파리 암컷과 수컷 8쌍으로 시작하였다. 부리에는 첫 번째 세대를 0세대 generation 0라고 불렀다. 첫 번째 세대에서는 모든 초파리가 이형접합이기 때문에, bw75 대립유전자의 빈도는 0.5이다. '갈색' 유전자의 대립유전자가 초파리 집단 안에 bw75와 bw 두 개만 존재하기 때문에, bw 대립유전자의 빈도도 0.5이다. 병 안에 들은 16마리의 초파리들은 2주 동안 키워졌다. 2주 후 부리에는 병에서 다음 세대를 만들 8쌍의 수컷과 암컷 초파리를 무작위적으로 골라서 새 병 안에 담았다. 부리에는 초파리를 무작위적으로 고르기 위해서 다음과 같은 방법을 사용했다. (1) 에테르 ether 가스를 사용해서 초파리들을 마취시킨 후, (2) 병 안에 마취된 초파리들을 종이 위에 조심스럽게 쏟은 뒤, (3) 붓을 사용해서 초파리들을 무작위적으로 한 줄로 나열한 뒤, (4) 오른쪽에서부터 순서대로 여덟 마리의 수컷 초파리와 여덟 마리의 암컷 초파리들을 골라내어 그들의 유전형을 기록하고, 다음 세대를 이루게 될 초파리들을 고를 때 사용하였다. 초파리가 가지는 bw75 대립유전자의 개수에 따라 눈 색깔이 달라지기 때문에, 부리에는 눈 색깔만 보고 유전형을 알 수 있었다. 부리에는 골라낸 8쌍의 수컷과 암컷 초파리를 골라내어 바로 다음 세대의 병으로 옮기지 않고, 7쌍의 수컷과 암컷 초파리들만 옮긴 뒤 남은 한 쌍의 초파리는 유전형을 맞추어서 수백 마리가 자라고 있는 커다란 병에서 꺼내어 옮겼다. 8마리의 초파리들을 모두 이전 세대에서 고를 경우 다음 세대에서 근친교배 inbreeding로 인한 돌연변이 표현형의 발현과 생식력 약화가 이루어질 수 있기 때문에, 큰 유전자 풀을 가진 커다란 개체군에서 실험에 필요한 눈 색깔을 가진 1쌍의 초파리를 골라 포함하게 된 것이다. 부리에는 100개의 병에 담긴 작은 초파리 집단들을 위와 같은 방법으로 20세대 간 유지하며, 각 집단에서의 bw75 대립유전자 빈도의 변화를 측정하게 되었다. 부리에는 이 실험을 두 번 반복하였는데, 처음 한 실험 시리즈 I Series I에서는 8쌍의 초파리들을 2cm 지름의 35mL 유리병에 먹이와 함께 넣어 12일간 25°C에서 배양한 뒤 다음 세대로 옮길 초파리들을 고르게 되었다. 시리즈 I에서는 총 107개의 초파리 집단이 유지되었다.

하지만 첫 번째 실험을 끝낸 후 결과를 분석하면서 부리에는 그의 실험에 문제점이 있었음을 알게 되었다. 첫 번째로, 초파리 알이 부화하여 성충으로 자라날 때까지 25°C에서 약 10일이 걸리는데, 12일간의 배양으로는 다음 세대로 옮길 8쌍의 초파리들을 갓 태어난 어린 초파리 중에서만 고르기에는 그 수가 부족해서, 새 병에 자녀 세대와 함께 부모 세대의 초파리들도 포함하여야 했다. 부리에는 자신의 실험의 디자인 문제점을 두 가지로 분석하였다. (1) 첫 번째로, 35mL 유리병은 16마리의 초파리가 효과적으로 알을 낳고 번식하기에는 너무 좁았다. (2) 두 번째로, 8쌍의 초파리를 넣고 배양을 시작한 지 13일이 지난 후에야 어린 초파리들이 많아지는 것을 관찰하였다. 부리에는 실험조건을 최적화한 뒤, 두 번째 실험으로 시리즈 II Series II 실험을 계획하였다. 시리즈 II에서는 각 초파리 집단을 키울 때 이전 실험보다 두 배는 큰 4cm 지름의 60mL 유리병을 사용하였고, 어린 초파리들의 수를 늘리기 위해 8쌍을 초파리를 병에 넣은 뒤 이전 실험의 12일에서 2일 늘어난 14일간 배양을 하게 되었다. 날짜를 크게 늘릴 수 없던 이유는 20세대를 반복하기 때문에 배양 시간이 하루 길어질수록 실험 기간이 20일씩 늘어나기 때문이었을 것이다. 시리즈 II에서는 총 105개의 초파리 집단이 유지되었다.

유전적 부동 실험의 결과 - 대립유전자 빈도의 변화

한 초파리가 가지는 대립유전자의 수는 2개이므로 16마리의 초파리가 가지는 대립유전자의 수는 32개이다. 따라서 한 초파리 집단에 bw75 대립유전자가 총 0, 16, 32개가 있다면, 집단 내의 bw75 대립유전자 빈도는 0, 0.5, 1로 각각 계산할 수 있다. 다음 3D 막대그래프에서 각 빈도가 하얀색, 주황색, 빨간색으로 표시되고 있다. 맨 오른쪽의 세대 0에서 볼 수 있는 주황색 봉우리가 세대수가 증가할수록 하얀색과 빨간색으로 양쪽으로 '확산'된다. 세대 0에서 bw75 대립유전자 개수는 모든 초파리 집단에서 16개이지만, 세대 19에서는 초파리 집단마다 0개부터 32개로 시작한 bw75 대립유전자의 개수인 16개에서 달라진다. 부리에의 두 유전적 부동 실험에서 0.5에서 시작한 bw75 대립유전자 빈도가 0부터 1까지 가능한 대립유전자 빈도의 모든 범위에 걸쳐 빠르게 퍼지는 것을 관찰할 수 있다.

한 대립유전자의 개수가 모든 대립유전자의 개수에서 차지하는 비율을 대립유전자 빈도라고 한다. 부리에의 실험에서는 bw75 대립유전자 빈도를 bw75의 수/전체 대립유전자 수로 계산할 수 있다. 실험을 시작했을 때 bw75 대립유전자 빈도가

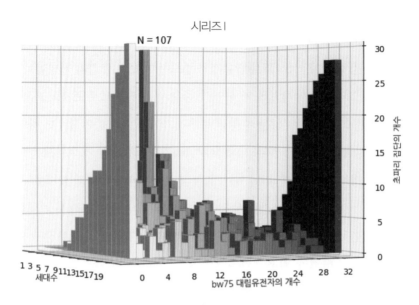

시리즈 I

N = 107

세대수

bw75 대립유전자의 개수

초파리 집단의 개수

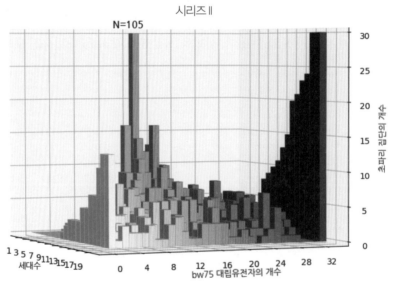

시리즈 II

N=105

세대수

bw75 대립유전자의 개수

초파리 집단의 개수

시험관 약 100개에서 모두 0.5였지만, 세대수가 증가하면서 빈도가 크게 변화하며 대립유전자 빈도가 0 또는 1인 시험관이 점점 많아진다. 대립유전자 빈도가 0 또는 1로 고정된 집단을 '고정' fixed 되었다고 표현한다.

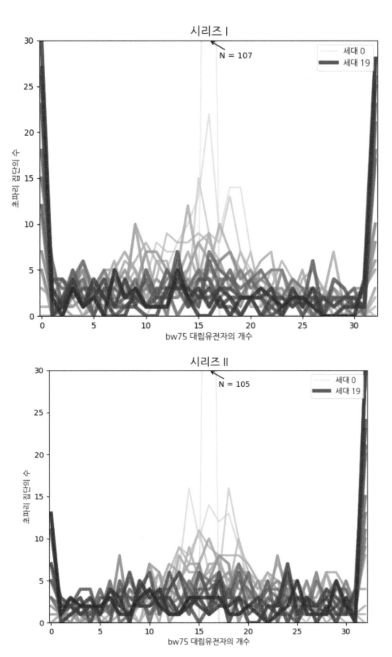

부리에가 진행한 두 시리즈의 유전자 부동 실험 결과

유전적 부동 실험의 결과 - 대립유전자 빈도 평균의 변화

	물리적인 현상	집단유전학적인 현상
확산 현상의 예시	보라색 잉크가 가만히 놓인 물에서 확산되는 현상	한 개체군에서 대립유전자 빈도가 세대가 지나면서 무작위적으로 바뀌는 현상
확산이 아닌 현상의 예시	연속적인 물의 흐름에 의한 염료 분자들의 방향성을 띤 이동	지속적인 자연선택 또는 성선택 압력으로 인한 대립유전자 빈도의 변화
확산이 되는 것	염료 분자	한 개체군에서 대립유전자의 빈도
확산 현상을 만드는 원인	물 분자들과의 끊임없는 충돌로 인한 염료 분자의 속도와 방향의 무작위적 변화	무작위적인 표본채집 또는 한 세대에서 다음 세대로 대립유전자들의 무작위적 전달

대립유전자 빈도가 "확산"하는 현상은 물리적인 확산 현상으로 볼 수는 없지만, 염료방울이 물에서 퍼지거나 향수 냄새가 공기 중에서 퍼지는 것과 물리적 확산 현상과 매우 비슷하다. 상온에서 보라색 잉크가 물에서 퍼지는 경우를 생각해보자. 염료 분자는 평균적으로 상온에 해당하는 운동에너지를 가지고 움직인다. 염료 분자는 물 분자와 끊임없이 충돌하며 무작위적으로 방향과 속도를 바꾸고 위치를 무작위적으로 바꾼다. 한 방향으로 염료 분자를 움직여줄 수 있는 연속적인 물의 흐름이 없더라도 무작위적인 염료 분자의 움직임 때문에, 잉크 방울이 물에서 퍼진다.

비슷하게 한 개체군의 대립유전자 빈도는 지속적인 자연선택 또는 성선택이 없더라도 (위의 예시에서 연속적인 물의 흐름과 대응되는 현상) 유전적 부동 현상에 의해서 "확산"된다. 이는 대립유전자 빈도가 위 예시의 염료 분자처럼 세대가 바뀌면서 무작위적으로 증가하거나 감소하기 때문이다. 부리에의 실험에서 우리가 유전적 부동 현상을 관찰할 수 있는 원인은 부리에가 공을 들여가며 한 세대에서 다음 세대로 옮겨질 유전자형을 무작위적으로 골랐기 때문이다. 이러한 부리에의 무작위적인 표본채집과정은 물리적인 확산 현상의 예시에서 염료 분자들과 충돌해 그들의 위치를 무작위적으로 바꾸는 물 분자들과 비슷한 역할을 했다고 할 수 있다. 예를 들어 부리에의 실험에서 세대 0에서 세대 1로 초파리들이 옮겨지는 과정에서 생길 수 있는 대립유전자 빈도의 변화를 생각해보자. 세대 0에서의 16마리의 이형접합 초파리들이 짝짓기해서 하얀색 눈의 bw 동형접합 초파리들을 낳을 확률은 25%이고, 연한 주황색 눈을 가진 이형접합 초파리들을 낳을 확률은 50%이다.

다홍색 눈을 가진 bw75 동형접합 초파리들을 낳을 확률은 bw75 동형접합과 같이 25%이다. 문방구점에서 흔히 볼 수 있는 캡슐 뽑기 기계를 상상해보자. 뽑기 기계 안의 100개의 캡슐 안에 우리가 원하는 장난감과 원하지 않는 장난감들이 섞여서 캡슐당 두 개씩 들어 있는데, 100개 중 50개의 캡슐 안에는 우리가 원하는 장난감이 하나 들어 있고, 25개의 캡슐에는 두 개 다 우리가 원하는 장난감이고, 나머지 25개의 캡슐에는 원하는 장난감이 하나도 들어 있지 않고 있다고 상상해보자. 캡슐은 초파리를 상징하고, 우리가 원하는 장난감은 bw75 대립유전자를, 원하지 않는 장난감은 bw 대립유전자를 상징한다. 뽑은 16개의 캡슐 중 두 개 다 원하는 장난감이 아닌 캡슐과 두 개 다 원하는 장난감인 캡슐이 같은 수만큼 있다면, 원하는 장난감의 총 개수는 16개로, 이를 뽑은 모든 장난감의 수인 32개로 나누어 전체 장난감 중 원하는 장난감의 비율을 구하면 0.5가 된다. 전체 장난감 중 원하는 장난감의 비율은 개체군의 bw75 대립유전자 빈도를 나타낸다. 원하는 장난감이 두 개 들어 있는 캡슐의 수가 하나도 들어 있지 않은 캡슐의 수보다 많을 경우, 뽑은 32개의 장난감 중 원하는 장난감의 수는 16개보다 많아져 원하는 장난감의 비율은 0.5보다 많아지게 된다. 다홍색 눈을 가진 초파리들이 하얀색 눈을 가진 초파리들보다 더 많다면, 총 bw75 대립유전자의 개수는 16개보다 더 많아지고 bw75 대립유전자 빈도는 0.5보다 커지게 된다. 반대의 경우도 마찬가지이다. 무작위적으로 뽑는 뽑기 기계의 특성이 뽑기 기계 속의 모든 장난감 중 원하는 장난감의 비율과 뽑은 장난감 중 원하는 장난감의 비율이 다를 수 있도록 하는 것이다.

다시 부리에 실험 Peter Buri's experiment으로 돌아와 생각을 해보면, 세대 1을 이루게 될 초파리 16마리를 세대 0으로부터 무작위적으로 고르는 행동은 세대 1의 bw75 대립유전자 비율을 세대 0에서의 비율인 0.5보다 많게 할 수도 있고, 적게 할 수도 있고, 똑같이 0.5가 되게 할 수도 있다. 부리에는 시리즈 I과 II에서 107개와 105개의 초파리 집단을 사용하였고, 세대 0에서 세대 1로 옮기는 작업을 각 시리즈에서 107번, 105번 반복하였다. 부리에의 실험에서처럼 세대 0에서 세대 1로 옮기는 작업을 100번 이상 반복해 세대 1의 bw75 대립유전자 빈도들을 모두 합쳐서 평균을 낼 경우, 평균 대립유전자 빈도는 세대 0에서의 비율과 크게 다르지 않을 것이다. 이는 세대 0에서 세대 1로 옮길 때 한꺼번에 16×100=1,600마리의 초파리를 무작위으로 골라 옮긴 상황과 유사하다. 즉, 캡슐 뽑기 기계로 캡슐을 뽑는 행동이 원하는 장난감의 비율을 늘려주거나 줄여주지 않는 것처럼, 유전적 부동은 bw75 대립유전자의 평균 비율을 바꾸지 않는다. 물리적인 확산 현상에서 확산이 되는 동안 염료 분자들의 평균적인 위치는 시작점에서 바뀌지 않는 것처럼, 유전적 부동 현상이 일어나는 동안 개체군들의 평균적인 bw75 대립유전자 빈도는 바뀌지 않는다. 그래프에서 볼 수 있듯이, 세대가 지나면서 개체군들의 bw75 대립유전자 빈도들은 시작점 0.5로부터 크게 달라졌지만, 모든 개체군의 평균은 19세대가 지난 후에도 0.5로부터 크게 달라지지 않았다. 우리는 이제 유전적 부동이 또는 무작위적인 표본채집이, 개체군의 대립유전자 빈도를 무작위적으로 감소시키거나 증가시킬 수 있음을 알았다. 그렇다면 유전적 부동으로 인하여 대립유전자 빈도가 0.5에서 우연이 계속 줄어들어 0이 되거나, 계속 늘어나 1이 된다면 어떤 일이 일어날까? 다음 문단에서는 이 점에 대해서 생각해볼 것이다. 우리는 그 후 부리에의 유전적 부동 실험을 시뮬레이션하고, 시뮬레이션 결과를 1956년에 부리에가 얻은 실제 결과와 비교해볼 것이다.

부리에 실험에서의 예시	장난감 뽑기 기계의 예시
초파리	장난감 두 개가 들어 있는 캡슐
bw75 대립유전자	원하는 장난감
하얀색 눈의 bw 동형접합 초파리	들어 있는 장난감 두 개 다 원하는 장난감이 아닌 캡슐
다홍색 눈을 가진 bw75 동형접합 초파리	들어 있는 장난감 두 개 다 원하는 장난감인 캡슐
무작위적인 표본채집	뽑기 기계로 캡슐을 뽑는 행동

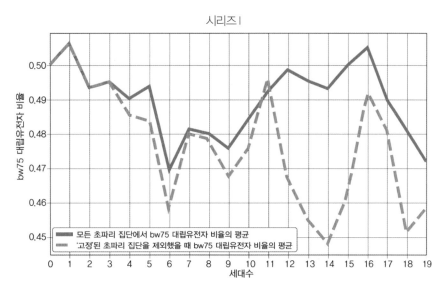

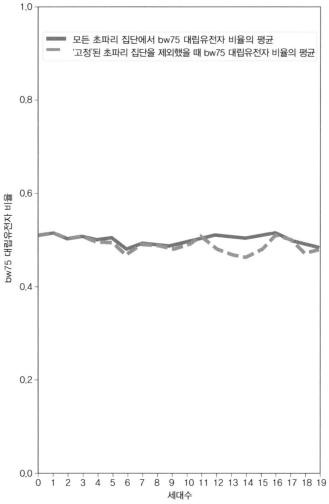

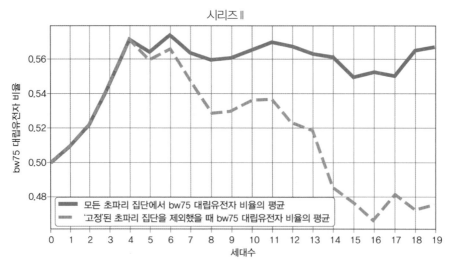

시리즈 II

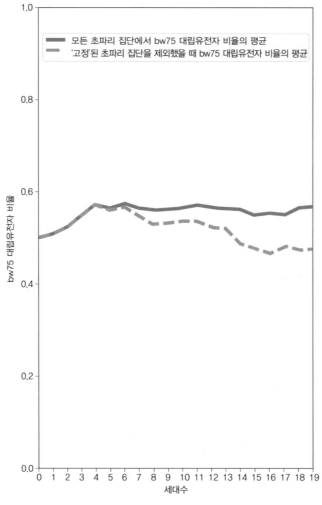

부리에가 진행한 두 시리즈의 유전자 부동 실험에서 모든 초파리 집단에서 bw75 대립유전자 빈도 평균의 변화.
파란색은 모든 시험관을 포함한 변화이며 주황색 점선은 '고정'된 시험관을 제외한 변화이다.

유전적 부동 실험의 결과 – 마지막 세대의 대립유전자 빈도 분포

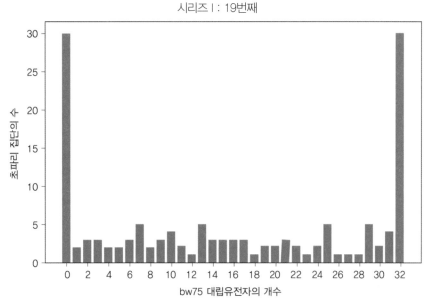

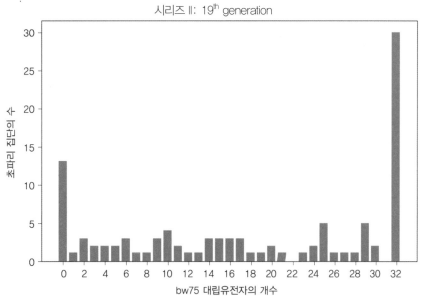

부리에가 진행한 두 시리즈의 유전자 부동 실험의 마지막 세대에서 bw75 대립유전자가 차지하는 비율에 따른 실험관개수의 분포

부리에의 두 시리즈의 유전적 부동 실험의 의미는 자연선택이나 성선택 압력 없이 유전적 부동 현상만으로 한 대립유전자가 유전자 풀에서 완전히 사라질 수 있음을

실험적으로 보여준다. 유전적 부동 현상은 19세대 만에 초파리 집단들의 거의 반에서 bw 대립유전자 또는 bw75 대립유전자를 유전자 풀에서 완전히 제거해버릴 수 있었다. 시리즈 I에서는 107개의 초파리 집단 중 58개의 초파리 집단에서 두 개의 대립유전자 중 한 개가 유전자 풀에서 사라져 모든 초파리의 눈 색깔이 모두 하얀색 bw 동형접합 또는 다홍색 bw75 동형접합이 되었다. 시리즈 II에서는 105의 초파리 집단 중 43개의 집단에서 똑같은 일이 일어났다. 부리에의 실험에서 무작위적 표본 채집이 예를 들어 bw 대립유전자를 한 개체군에서 제거하고 나면, 그 개체군에서는 bw75 대립유전자밖에 남지 않게 되어 그 개체군의 자손들은 bw75 대립유전자만 물려받을 수 있고, 모두 bw75 동형접합 초파리가 되게 된다. 즉, bw75 대립유전자 빈도가 1로 고정이 되는 것이다. '갈색' 유전자에 돌연변이가 새롭게 생겨 bw75 대립유전자와 경쟁하게 될 새로운 대립유전자가 만들어지기 전까지는 bw75 대립유전자 빈도가 1에서 바뀌지 않게 되는 이러한 현상을 집단유전학 용어로는 고정 fixation이라고 표현하고, 이러한 현상을 bw75 대립유전자가 개체군에서 고정되었다고 표현한다. 부리에 실험의 결과를 나타낸 그래프들에서 bw75 대립유전자 빈도가 0 또는 1인 지점을 자세히 살펴보자. bw 대립유전자 또는 bw75 대립유전자가 개체군에 고정된 초파리 집단이 세대 3~세대 4에서 처음 등장한 이후, 이들의 수가 세대가 증가할수록 점점 늘어나는 것을 볼 수 있다. 3D 막대그래프에서 하얀색과 빨간색 막대의 높이가 세대가 증가할수록 점점 증가하는 것을 살펴볼 수 있다. 흥미롭게도 시리즈 II 마지막 세대 19에서 bw75 대립유전자 빈도가 0으로 고정된 집단의 수가 시리즈 I에서 0으로 고정된 집단의 수보다 두 배 이상 적다. 이제 그 원인에 대해서 파이썬 프로그래밍 언어를 사용한 시뮬레이션을 통해 더욱 자세히 알아보도록 하자.

부리에의 유전적 부동 실험의 시뮬레이션

컴퓨터 프로그래밍 언어인 파이썬으로 부리에의 유전적 부동 실험을 시뮬레이션하는 것은 크게 복잡하지 않다. bw75 대립유전자 빈도가 0.5인 105개의 초파리 집단 각각에 대해서 16마리의 초파리를 무작위적으로 뽑아 다음 세대의 bw75 대립유전자 빈도를 계산하는 과정을 19세대 간 반복하면 된다. 첫 번째로, 한 초파리 집단의 각

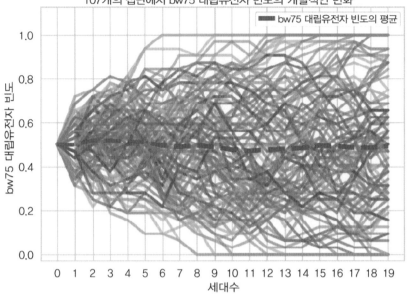

부리에 유전적 부동실험의 시뮬레이션
107개의 집단에서 bw75 대립유전자 빈도의 개별적인 변화

1000개 초파리집단에서 bw75 대립유전자 빈도의 변화

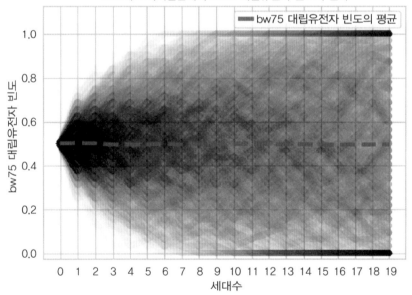

유전자 부동 실험의 시뮬레이션. 시험관 각자의 대립유전자 빈도는 빠르게 무작위로 바뀌지만 시험관 모두의 평균 대립유전자 빈도는 0.5로 거의 일정하다.

세대마다 0부터 1 사이의 난수 random number, 랜덤넘버 32개를 생성한다. 각 난수는 다음 세대가 물려받는 대립유전자 1개가 bw75가 될지, bw가 될지를 결정하는 데 사용된다. 생성되는 난수의 수는 물려받는 대립유전자의 수인 16 ×2 = 32개가 된다. 두 번째로, 각 난수를 이전 세대의 bw75 대립유전자 빈도와 비교하여 난수가 bw75 대립유전자 빈도보다 낮으면 물려줄 대립유전자 한 개를 bw75 대립유전자로 정하고, 난수가 bw75 대립유전자 빈도보다 높으면 bw 대립유전자로 정한다. 예를 들어, 이전 세대의 bw75 대립유전자 비율이 1이라면, 0부터 1 사이의 난수는 무조건 1보다 작기 때문에, 다음 세대가 물려받는 모든 32개의 대립유전자는 bw75 대립유전자가 되고, 이는 bw75 대립유전자가 개체군에 고정된 상황을 잘 나타내고 있다. 예리한 관찰력이 있는 분들이라면 이미 눈치챘을지 모르겠지만, 시뮬레이션의 결과에 직접 영향을 주는 것은 개체의 수가 아닌 대립유전자의 수이다. 초파리는 각 염색체당 하나의 대립유전자를 가져서 하나의 개체당 총 두 개의 대립유전자를 가지게 된다. 상동염색체를 가지고 있지 않은 대장균은 하나의 개체당 하나의 대립유전자를 가진다. 개체 수가 같더라도 상동염색체의 수가 다르면 개체군 내의 대립유전자의 수가 달라지고 유전적 부동 현상의 세기도 달라진다. 개체군 내의 대립유전자의 수가 어떻게 유전적 부동에 영향을 미치는지 시뮬레이션으로 자세히 알아보자.

부리에의 유전적 부동 실험 시뮬레이션 결과는 부리에의 실제 실험 결과와 유사하다. 예를 들어서 bw75 대립유전자의 빈도 평균은 19세대 간 크게 바뀌지 않았다. 하지만 시뮬레이션 결과와 실제 실험 결과에는 한 가지 차이가 있다. 마지막 세대인 세대 19에서 bw 대립유전자나 bw75 대립유전자에 고정된 초파리 집단의 수가 크게 다르다. 시리즈 I에서는 모든 107개의 집단 중 58개의 초파리 집단이 세대 19에서 고정이 되었고, 시리즈 II에서는 105개의 집단 중 43개의 초파리 집단이 고정되었다. 시뮬레이션에서는 107개의 집단 중 22개의 초파리 집단이 세대 19에서 고정이 되었다. 컴퓨터 시뮬레이션은 몇 번이든지 반복하여 수치를 구할 수 있다. 부리에의 유전적 부동 시뮬레이션을 1,000번 반복해 마지막 세대에서 고정이 된 초파리 집단의 수의 평균과 표준편차를 구한 결과, 평균 25개의 초파리 집단이 19번째 세대에서 고정이 되었고, 이 수치의 표준편차는 4.25이다. 1,000번의 시뮬레이션 중 40개 이상의 초파리 집단이 마지막 세대에서 고정된 시뮬레이션의 수는 단한 개로, 1956년의 부리에의 실제 실험 결과에서처럼 마지막 세대에서 40개 이상의 초파리 개체군이 고정될 확률은 0.1% 미만임을 알 수 있다. 즉, 우리는 부리에의 실제 실험 결과와 컴퓨터 시뮬레이션 결과의 차이가 우연이 아니라고 생각해볼 수

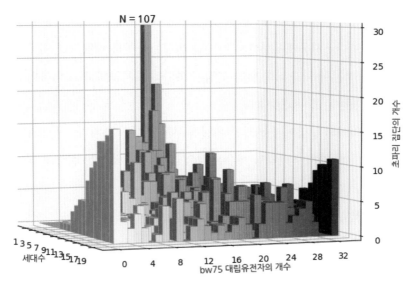

부리에가 진행한 유전자 부동 실험을 재현한 시뮬레이션의 결과. 마지막 세대에서 고정된 실험관의 수가 실제 실험 결과의 것과 비교할 때 크게 적다.

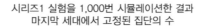

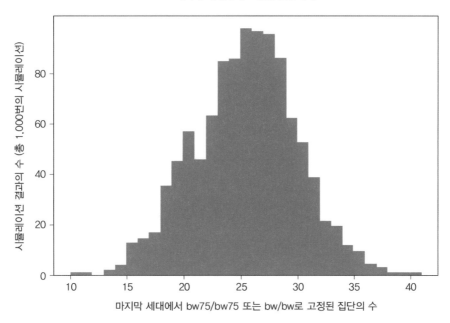

부리에의 유전자 부동 실험 시뮬레이션을 1,000번 반복해 19번째 세대에서 고정된 초파리 개체군의 수에 대해 히스토그램을 그린 결과. 마지막 세대에서 고정된 초파리 개체군의 수의 평균은 25개이고, 표준편차는 4.30이다. 1956년의 부리에의 실제 실험 결과에서처럼 마지막 세대에서 40개 이상의 초파리 개체군이 고정될 확률은 0.1% 미만이다.

있다. 만약 1956년 부리에의 유전적 부동 실험에서 나타난 유전적 부동 현상이 이론적인 상황보다―시뮬레이션에서 나타난 현상보다―더 강했다면, 대립유전자 빈도가 '확산'하는 속도가 더욱 빨라 고정된 초파리 개체군의 수가 더욱더 많았을 것이라고 설명하는 것이 가능하다.

1956년 부리에의 실험에서 관찰된 유전적 부동 현상의 세기가 시뮬레이션으로 예측된 것보다 더 강하게 나타난 이유는 무엇일까? 유전적 부동 현상의 세기는 실제 집단의 크기가 아닌 유효집단의 크기 effective population size에 영향을 받는다. 앞서 우리는 유전적 부동의 시뮬레이션에서 엄밀하게는 개체의 수가 아닌 이전 세대에서 다음 세대로 전달되는 대립유전자의 수가 유전적 부동 현상의 세기에 영향을 미친다는 사실을 알았다. 상동염색체 수뿐만이 아니라, 유효집단 크기도 실제로 다음 세대로 전달이 되는 대립유전자의 수에 영향을 미친다.

유효집단의 개념은 한국 인구를 예로 생각해보면 쉽게 이해를 할 수 있다. 한국 인구는 2017년을 기준으로 약 5,200만 명이다. 5,200만 명이 모두 아이를 가지게 되는 것은 아니다. 한국인의 생애미혼율은 약 10%이며, 아이를 낳지 않아 다음 세대로 자신의 대립유전자를 물려주지 않는 사람들도 있다. 한국인의 유효집단 크기는 실제 집단 크기인 5,200만 명보다 작을 것이다.

위의 예시에서와 마찬가지로, 부리에가 유리병에 넣은 16마리의 초파리 중, 12~14일 동안 짝짓기를 하여 알을 낳은 초파리의 실제 수는 16마리보다 적다. 알을 낳은 초파리가 16마리라고 가정한 컴퓨터 시뮬레이션의 결과에서는 유전적 부동의 효과가 실제 부리에의 실험 결과보다 약하게 나왔다.

그렇다면 부리에의 실험에서 유효집단의 크기를 실제 집단의 크기보다 작게 만든 원인은 무엇일까? 부리에가 유전적 부동 실험 시리즈 I의 결과에 만족하지 않고 시리즈 II를 하게 된 이유를 떠올려 보자. 16마리의 초파리들이 자유롭게 알을 낳고 번식하기에 시리즈 I에서 사용된 35mL 유리병은 너무 좁을 수 있었다. 또한 시리즈 I에서는 12일 동안만 초파리를 키웠고, 빨리 짝짓기를 해서 알을 일찍 낳아 12일 안에 번식에 성공한 초파리들만 다음 세대의 유전자 풀에 기여할 수 있었다. 며칠 뒤 번데기에서 나올 초파리들의 알을 낳은 이전 세대의 초파리들은 유전자 풀에 기여하지 못하였고, 유효집단 크기를 실제 집단의 크기보다 줄이는 데 기여했을 것이다. 이 외에도 부리에는 새로 태어난 초파리의 수가 부족했을 때 다음 세대를 이룰 16마리에 부모 세대의 초파리를 포함했고, 새로 태어난 초파리와 달리 나이가 든 초파리는 알을 빨리 낳지 못한다는 사실을 고려하면, 이 또한 유효집단의 크기를 줄였을 것이다. 이 외에도 부리에의 실험에서 유효집단의 크기를 실제 집단의 크기보다 작게 만든 조건이 있었을 것이다. 부리에는 시리즈 I 실험의 결과를 보고 개선했지만, 시리즈 II의 결과에서 알 수 있듯이 유효집단의 크기가 실제 집단 크기보다 작아지는 현상을 방지할 수는 없었다.

유효집단 크기가 작으면 작을수록, 개체군에 작용하는 유전적 부동 현상의 세기가 강해지게 되고, 대립유전자 빈도의 '확산'이 빠르다. 이러한 '확산'의 속도를 부리에의 실험에서 마지막 세대에서 고정된 초파리 개체군의 수를 보고 짐작할 수 있다. 부리에는 자신의 유전적 부동 실험에서 초파리 집단이 한 대립유전자로 일단 고정이 되면 그 이후로는 더 키우지 않았다. 부리에의 실험에서 초파리 개체군의 고정은 유전적 부동 현상의 최종 결과물이었기 때문이다. 시리즈 II의 마지막 세대에서 고정된 집단의 수는 시리즈 I에 비해서 25% 줄어들었다. 이는 시리즈 II에 작용한 유전적 부동 현상의 세기가 시리즈 I에 작용한 세기에 비해 줄어들어서 시뮬레이션으로 예측한 수치에 좀 더 가까워졌다는 것을 의미한다. 시뮬레이션에서 유효집단의 크기는 실제 개체 수와 같기 때문에, 시리즈 II에서 유효집단의 크기가 보다 실제 개체 수에 가까워졌다고 짐작할 수 있다. 따라서 마지막 세대에서 고정된 집단의 수를 보고 우리는 부리에가 고치고 싶었던 시리즈 I에서의 문제점들이 시리즈 II에서 어느 정도 개선이 되었다고 결론을 내릴 수 있다. 다음으로 우리는 컴퓨터 시뮬레이션을 통해 대립유전자 '확산'의 속도와 개체군의 크기 사이의 관계를 정성적으로 분석해볼 것이다.

유전적 부동의 세기를 결정하는 집단의 크기

한 세대에 나타나는 대립유전자의 '확산' 현상, 즉 이전 세대에서 다음 세대로 대립유전자를 무작위적으로 물려주는 과정 무작위적 표본채집과정에서 나타나는 대립유전자 빈도의 변화를 컴퓨터 시뮬레이션으로 분석해보도록 하자. 우리는 아직 유전적

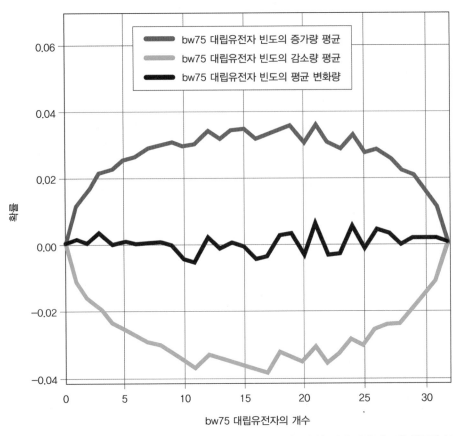

시뮬레이션을 통해 구한 개체 수가 16마리일 때 유전적 부동에 의해 증가하거나(보라색 실선) 감소하는(청록색 실선) 대립유전자 빈도의 양. 유전자 부동에 의해 감소하거나 증가하는 양을 합친 경우(검은색 실선) 대립유전자 빈도의 변화량은 현재 대립유전자 빈도에 무관하게 0에 가깝다.

부동 현상을 기술하는 수학 모델을 접하지 않았기 때문에 유전적 부동 현상을 수학적으로 분석할 수 없다. 대신 시뮬레이션으로 무작위적 표본채집과정을 1,000번 정도 반복하여 얻은 결과의 평균을 내보자. 첫 번째로, 시뮬레이션을 통해 유전적 부동 현상으로 인해 평균적으로 증가하거나 감소하는 대립유전자 빈도의 크기를 계산할 수 있다. 또 대립유전자 빈도가 증가하거나 감소할 확률도 시뮬레이션으로 계산할 수 있다. 이전 세대의 대립유전자 빈도가 0.1, 0.5, 0.7과 같이 여러 조건에서도 계산할 수 있다. 개체군의 크기를 바꾸어 계산할 수 있다. 유전적 부동에 의한 대립유전자 빈도의 '확산' 현상은 잉크가 물에서 퍼지는 것과 비슷해 보이지만, 유전적 부동에 의한 '확산' 현상은 더 복잡하고 다양하다. 유전적 부동과 물리적인 확산 현상의 가장 큰 차이점은 확산의 속도가 현재 위치에 영향을 받는다는 것이다. 유전적 부동에 의한 '확산' 현상에서는 현재 대립유전자 빈도가 0.5로 정중앙에 있을 때 확산의 속도가 가장 크고, 대립유전자 빈도가 0 또는 1인 양 끝에 가까워질수록 확산의 속도가 줄어들어 대립유전자 빈도가 0 또는 1이 되었을 때 개체군이 하나의 대립유전자에 고정이 되어 '확산'의 속도가 0이 된다. 대립유전자 빈도에 따른 유전적 부동 현상의 세기를 계산한 그래프를 보면, 유전적 부동 현상에 의한 대립유전자 빈도의 평균적 증가량과 감소량은 거울에 비친 것처럼 거의 같다. 유전적 부동 현상에 의한 평균적인 대립유전자 빈도의 감소량과 증가량을 더하면 현재 대립유전자 빈도와 상관없이 거의 0이 된다. 이는 유전적 부동 현상이 자연선택이나 성선택과 달리 대립유전자 빈도를 한 방향으로 바꾸지 않는다는 것을 의미한다.

　　대립유전자 빈도에 따라 유전적 부동이 대립유전자 빈도를 증가시키거나 감소시킬 확률의 변화를 나타내는 그래프를 보자. 그래프에서 초록색 선으로 표시된 대립유전자 빈도가 유전적 부동 현상에 의해 변하지 않을 확률은 정중앙에서 대립유전자 빈도가 0.5일 때 제일 작고, 양 끝에서 대립유전자 빈도가 0 또는 1일 때 제일 크다. 이 계산 결과들이 말해주는 유전적 부동 현상의 중요한 특징은, 대립유전자

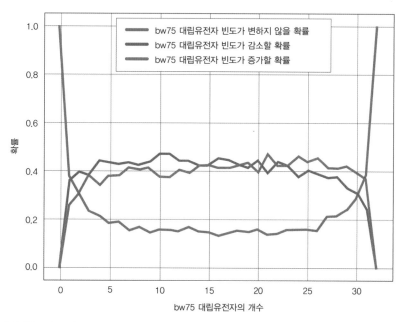

시뮬레이션을 통해 구한 개체 수가 16마리일 때 유전자 부동에 의해 대립유전자 빈도가 증가하거나(빨간색 실선), 변하지 않거나(초록색 실선), 감소할(파란색 실선) 확률

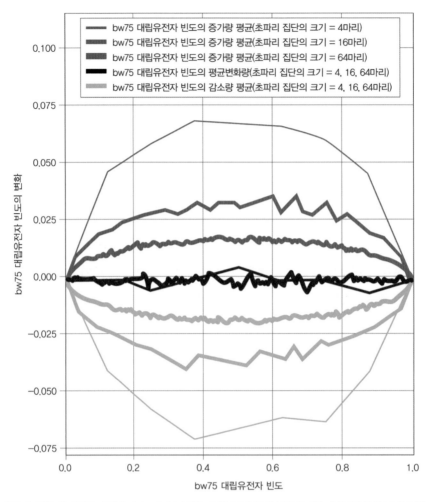

시뮬레이션을 통해 구한 개체 수가 4, 16, 64마리일 때 유전자 부동에 의해 증가하거나(보라색 실선) 감소하는(청록색 실선) 대립유전자 빈도의 양. 유전자 부동에 의해 감소하거나 증가하는 양을 합친 경우(검은색 실선) 대립유전자 빈도의 변화량은 현재 대립유전자 빈도에 무관하게 0에 가깝다.

빈도가 양 끝에 가까울수록 유전적 부동의 세기가 약해지고, 대립유전자 빈도가 0.5에 가까울수록 세기가 강해진다는 것이다. 대립유전자 빈도가 0.5일 때, 유전적 부동 현상이 대립유전자 빈도를 바꿀 확률과 대립유전자 빈도를 평균적으로 증가시키거나 감소시키는 양이 최대가 된다.

흥미롭게도 대립유전자 빈도가 0 또는 1에 가까워져 개체군이 고정되기 일보 직전이 되었을 때, 유전적 부동 현상은 개체군을 고정하려는 것처럼 행동한다. 그래프에서 볼 수 있듯이, 대립유전자 빈도가 1에 가까울 때는 대립유전자가 증가할 확률이 감소할 확률보다 커지고, 반대로 대립유전자 빈도가 0에 가까울 때는 대립유전자가 감소할 확률이 증가할 확률보다 커진다.

마지막으로, 유전적 부동 현상을 다양한 대립유전자 개수에서 시뮬레이션한 결과를 나타낸 그래프를 통해 알 수 있듯이 유전적 부동 현상에 의한 '확산'의 속도는 개체군의 크기에 반비례한다. 조금 정확히는 개체군의 크기가 아닌 개체군이 가진 총 대립유전자의 개수에 반비례한다. 지금까지 유전적 부동 현상에 대해 시뮬레이션을 통해 얻은 사실들을 정리해보면 다음과 같다. (1) 유전적 부동 현상에 의한 대립유전자 빈도의 변화는 방향성이 없고, 자연선택이나 성선택과 달리 대립유전자의 특성과 상관없이 중립적이지만, (2) 대립유전자 빈도가 변하는 양과 변하는 확률은 개체군의 크기나 현재 대립유전자 빈도와 같은 개체군의 현재 상태에 따라 달라진다는 것이다. 다음으로는 라이트–피셔 모델이라고 불리는 유전적 부동 현상을 설명하는 수학적 모델에 대해서 살펴보고, 이 수학적 모델을 사용해 부리에의 유전적 부동 실험의 결과를 조금 더 구체적으로 분석해볼 것이다.

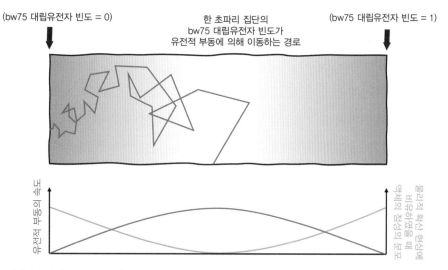

부리에의 유전적 부동 실험에서 한 초파리 집단의 bw75 대립유전자 빈도가 유전적 부동에 의해 변화하는 것을 물리적인 확산현상에 비유하여 나타낸 모습. 유전적 부동(genetic drift)은 한 분자가 양 끝으로 갈수록 점성이 높아지고 가운데에 점성이 제일 낮은 액체에서 무작위적으로 확산되는 현상과 비슷하다.

유전적 부동을 기술하는 수학적 모델

시월 라이트와 로널드 피셔는 수학 모델인 라이트-피셔 모델을 만들어 한 세대에서 다음 세대로 대립유전자들이 전해질 때 발생하는 유전적 부동 현상을 설명하고자 하였다. 유전적 부동 형상을 설명하는 수학적 모델에는 여러 가지가 있지만, 이들 중 라이트-피셔 모델은 한두 개씩 셀 수 있는 discrete 대립유전자들과 세대 수를 가진 개체군에 적용이 되는 수학 모델이다. 어떤 한 수학 모델은 총 대립유전자 개수가 정수가 아니고 연속적 continuous 일 때에도, 예를 들어 대립유전자가 1.7개일 때도 적용할 수 있고, 그 때문에 개체군의 대립유전자 수를 한두 개씩 셀 필요가 없다. 이배체인 경우를 생각해보자. 이배체인 경우 개체당 2개의 대립유전자를 가지고 있기 때문에 개체의 수가 N인 개체군의 총 대립유전자의 개수는 2N개이다. 총 대립유전자의 수가 2N개인 개체군에 작용하는 유전적 부동 현상을 설명하기 위해서는 다음과 같은 상황의 확률을 계산할 수 있어야 한다. bw 대립유전자를 상징하는 하얀색 구슬과 bw75 대립유전자를 상징하는 다홍색 구슬이 무한히 들어 있는 구슬 뽑기 기계에서 정해진 수의 구슬을 뽑는 상황을 생각해보자. 이 비유에서 다홍색 구술을 뽑을 확률은 이전 세대에서 bw75 대립유전자를 다음 세대로 전달할 확률을 상징한다. 다홍색 구술을 뽑을 확률이 $i/2N$으로 일정한 뽑기 기계를 사용해 구슬을 총 2N번 뽑아 j개의 다홍색 구슬을 뽑게 되는 확률은, 이배체인 개체군의 크기가 N일 때 bw75 대립유전자 빈도가 이전 세대의 $i/2N$에서 다음 세대의 $j/2N$으로 유전적 부동 현상에 의해 변화할 확률과 같다. 개체군이 가질 수 있는 대립유전자의 개수는 0개부터 2N개까지 총 2N+1가지가 가능하기 때문에, 가능한 모든 대립유전자 빈도에 대해 유전적 부동 현상의 세기를 계산하기 위해서 우리는 2N+1개의 행과 열을 가진 $(2N+1) \times (2N+1)$ 행렬을 사용하여야 한다. 이 행렬의 j번째 행과 i번째 열에 위에서 설명한 확률을 계산해서 채워 넣으면, 대립유전자 빈도 벡터에 곱했을 때 다음 세대의 대립유전자 빈도를 계산할 수 있는 행렬을 만들 수 있다. 대립유전자 빈도 벡터는 2N+1 길이의 벡터로, i번째 자리에 한 개체군이 bw75 대립유전자의 i개를 가질 확률을 저장한다. 가능한 모든 대립유전자의 개수에 대한 확률들을 더하면 1이 되어야 하므로, 대립유전자 빈도 벡터의 모든 성분을 더하면 1이 되어야 한다. 이 행렬이 대립유전자 빈도 벡터에 곱해질 때마다, 개체군의 대립유전자 빈도가 유전적 부동 효과에 의해 한 세대 동안 변화하는 정도를 계산할 수 있다. 우리는 이제 이 수학적 모델을 사용해 유전적 부동 현상을 더욱 정확하게 분석할 수 있게 되었다.

$P_{i \to j}$: 유전자 부동 확률 행렬 P의 i번째 열과 j번째 행에 위치한 확률수치

$$P_{i \to j} = \left(\frac{i}{2N} \right)^{j} \left(1 - \frac{i}{2N} \right)^{2N-j} \begin{pmatrix} j \\ 2N \end{pmatrix}$$

$$X_{(n+1)\text{세대}} = PX_{(n)\text{세대}}$$

$$X_n = P^n X_0$$

라이트 - 피셔 유전적 부동 모델(The Wright-Fisher model)

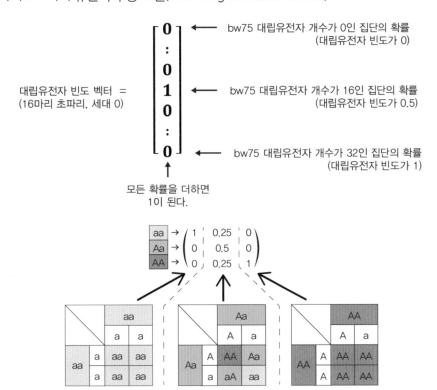

유전적 부동(genetic drift)을 설명하는 라이트–피셔(Wright–Fisher) 수학 모델

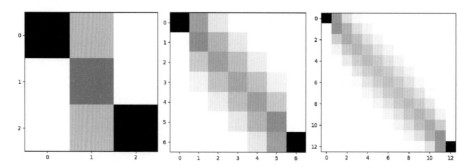

라이트-피셔 수학 모델에 사용되는 행렬을 가시화한 모습. 왼쪽, 가운데, 오른쪽 행렬은 각각 대립유전자 수가 2개일 때, 6개일 때, 12개일 때 라이트-피셔 모델에 사용이 되는 행렬들이다. 1은 검은색, 0은 하얀색으로 그려졌다. 각 행렬에서 맨 왼쪽 열과 맨 오른쪽 열은 한 대립유전자에 '고정된' 경우를 나타내며, 대립유전자 빈도가 변화할 확률이 0임을 확인할 수 있다. 대립유전자 확률이 0 또는 1로 바뀌지 않을 확률을 나타내는 맨 위 또는 맨 아래를 제외하고 모두 하얀색이다.

수학적 모델을 사용한 부리에의 유전적 부동 실험의 시뮬레이션

라이트-피셔 모델을 사용해 대립유전자의 개수가 32개일 때 깔끔하게 다시 그린 그래프들을 보면, 우리가 앞서 시뮬레이션을 통해 얻은 결론들을 다시 확인해볼 수 있다. 첫 번째로, 유전적 부동 현상에 의해 검은색 선으로 표시된 대립유전자 빈도가 증가하는 평균량과 감소하는 평균량의 합이 정확하게 0임을 확인할 수 있다. 이로부터 우리는 유전적 부동 현상이 대립유전자의 빈도를 한쪽으로 변화시키지 않는 중립적인 진화의 방식임을 이해할 수 있다. 또 그래프에서 대립유전자 빈도가 0.5일 때 유전적 부동 현상의 세기가 제일 커짐을 눈으로 확실히 확인해볼 수 있다.

단순한 행렬 계산을 하는 라이트-피셔 모델은, 수많은 난수를 생성하고 이를 수백 번 반복하는 시뮬레이션과 다르게 시뮬레이션 속도가 매우 빨라 개체군의 크기가 수백 마리 이상으로 매우 클 때도 사용이 가능하다. 유전적 부동 현상의 세기가 개체군의 크기에 따라서 어떻게 달라지는지를 보기 위해 라이트-피셔 모델을 사용해 대립유전자 빈도의 '확산'이 제일 빠를 때, 즉 대립유전자 빈도가 0.5일 때의, 유전적 부동 현상의 세기를 여러 개체군의 크기에서 계산하여 그래프를 그릴 수 있었다. 흥미롭게도 유전적 부동 현상의 세기는 개체군의 크기가 증가할수록 기하급수보다 더 빠르게 줄어들었다. 로그 눈금 Log scale으로 그려진 두 번째 그래프에서도 빠르게 감소하는 유전적 부동 현상의 세기가 인상적이다. 유전적 부동 현상에 의한 대립유전자 빈도의 '확산' 속도가 개체군의 크기가 커짐에

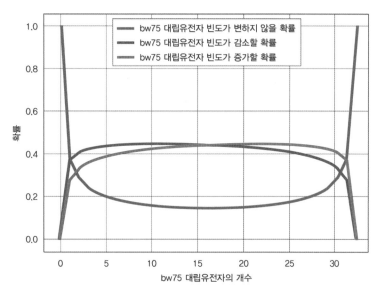

라이트–피셔 수학 모델을 사용해 계산한 개체 수가 16마리일 때 유전자 부동에 의해 대립유전자 빈도가 증가하거나(빨간색 실선), 변하지 않거나(초록색 실선), 감소할(파란색 실선) 확률

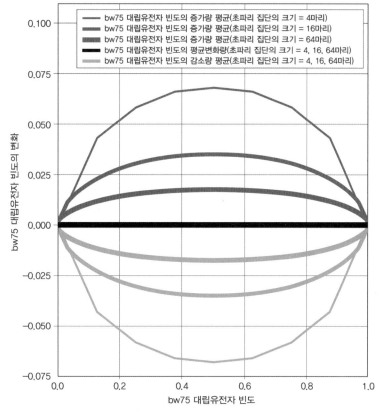

라이트–피셔 수학 모델을 사용해 계산한 개체 수가 4, 16, 64마리일 때 유전자 부동에 의해 증가하거나(보라색 실선) 감소하는(청록색 실선) 대립유전자 빈도의 양. 유전자 부동에 의해 감소하거나 증가하는 양을 합친 경우(검은색 실선) 대립유전자 빈도의 변화량은 현재 대립유전자 빈도에 무관하게 0이다.

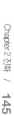

따라 급격하게 감소하기 때문에, 유전적 부동에 의해 개체군이 한 대립유전자에 고정이 되기까지 걸리는 시간도 개체군의 크기가 커질수록 매우 길어지게 된다. 반대로 개체군의 크기가 작은 경우는, 자연선택 또는 성선택 없이 유전적 부동 현상 혼자만으로 대립유전자 빈도를 크게 바꾸어 개체군을 한 대립유전자에 대해 고정하는 것이 가능해지게 된다. 생물체의 진화에서 유전적 부동 현상이 자연선택이나 성선택만큼 중요한 이유는, 이들과 달리 유전적 부동 현상은 게놈 위의

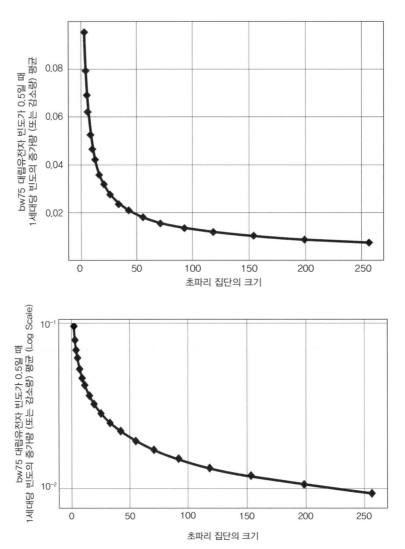

라이트–피셔 수학 모델을 사용해 계산한 대립유전자 빈도가 0.5일 때 유전자 부동에 의해 증가하는 대립유전자 빈도의 평균을 집단의 개체 수의 변화에 따라 그린 그래프

모든 대립유전자들에 끊임없이 작용하기 때문이다. 과학자들은 DNA 서열을 기반으로 분자시계 molecular clock라고 하는 개념을 사용해서 한 개체군이 다른 개체군으로부터 분리된 시간을 예측할 수 있다. 분자시계가 작동하는 원인은 무엇일까? 우리가 부리에의 실험을 통해 살펴본 유전적 부동 현상은 생물체에서 발생한 중립적인 돌연변이들이 일정한 크기를 가진 개체군에서 일정한 속도로 고정이 되는 것이 가능하게 한다. 하지만 분자시계 개념에도 치명적인 약점이 존재한다. 개체군의 크기가 바뀌어 유전적 부동 현상의 세기가 달라지면, 분자시계의 속도도 달라지고, 한 개체군이 다른 개체군으로부터 분리된 시간을 정확하게 예측하는 것이 힘들어질 수 있다.

라이트−피셔 수학 모델을 사용하여 몇 가지 개체군의 크기에서 개체군이 고정이 될 때까지 걸리는 시간을 그래프로 그릴 수 있었다. 그래프는 개체군의 크기가 작을수록 고정되는 속도가 매우 빨라지는 것을 보여준다. 멸종 위기에 있는 생물들이 관심과 보호를 받아야 하는 이유를 이 그래프에서 찾을 수 있다. 개체군의 크기가 작은 경우 강한 유전적 부동 현상에 의해 개체군이 가지고 있는 다양한 대립유전자들이 고정을 통해 사라지게 되고, 개체군은 새로운 환경에 적응할 능력을 잃었을 가능성이 높다. 이를 생태학 용어로 절멸의 소용돌이 extinction vortex라고 부른다.

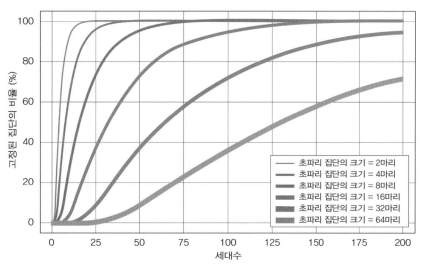

개체 수가 4, 8, 16, 32, 64마리일 때 라이트−피셔 수학 모델을 사용해 계산한 세대수가 증가함에 따라 대립유전자 빈도가 고정될 확률의 변화. 개체 수가 적을 때는(n = 4) 세대수가 25일 때 고정될 확률이 95% 정도로 매우 크지만, 개체 수가 많을 때는(n = 64) 고정될 확률이 1% 정도로 매우 적다.

유전적 부동의 세기를 실제로 결정하는 유효집단 크기

부리에는 자신의 논문에서 라이트−피셔 수학 모델을 사용하여 자신의 유전적 부
동 실험 시리즈 I과 시리즈 II에서의 유효집단 크기를 계산하였다. 부리에가 계산한

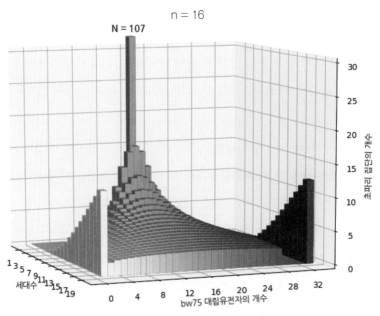

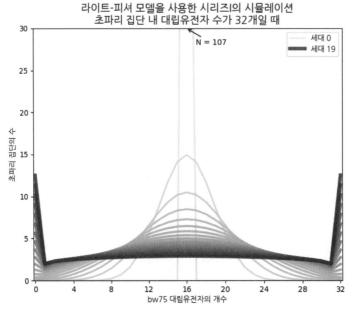

라이트−피셔 수학 모델을 사용해 계산한 부리에의 유전자 부동 실험의 예상 결과. 시뮬레이션에 사용된 초파리 집
단당 개체 수는 16개이고, 유효 대립유전자 수는 32개이다.

유효집단의 크기는 시리즈 I에서는 9마리였고, 시리즈 II에서는 11.5마리였다. 이는 시리즈 I과 시리즈 II에서 실제 옮겨진 초파리 16마리의 56%와 68%이다. 부리에의 유전적 부동 실험 시리즈 I을 실험의 유효집단의 크기 N=9를 고려해서 라이트—

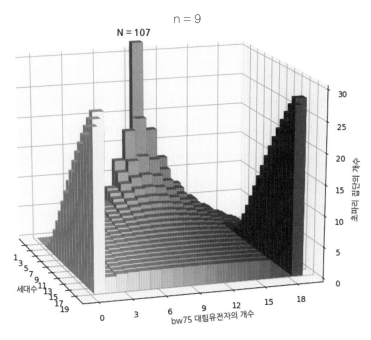

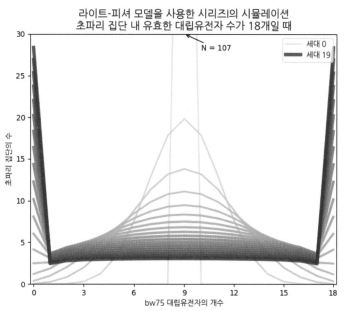

라이트—피셔 수학 모델을 사용해 계산한 부리에의 유전자 부동 실험의 시뮬레이션 결과. 시뮬레이션에 사용이 된 초파리 집단당 유효 개체 수는 16개이고, 유효 대립유전자 수는 32개이다.

피셔 수학 모델로 시뮬레이션을 하여 그래프를 그렸을 때, 마지막 세대에서 고정이 된 초파리 집단의 수가 실제 시리즈 I의 결과와 매우 유사함을 발견할 수 있다.

　유효 집단 크기를 고려한 예상 결과로, 실제 부리에의 실험 결과를 매우 잘 예측하고 있다.

자연선택 또는 성선택이 유전적 부동 현상과 같이 작용한다면 부리에의 유전적 부동 실험 결과가 어떻게 달라질까?

라이트－피셔 모델을 사용해 유전적 부동의 효과를 정확하게 예측할 수 있다면, 부리에의 유전적 부동 실험 시리즈 II의 마지막 세대에서 bw75로 고정된 초파리 집단의 수와 bw로 고정된 집단의 수가 두 배 이상 다른 이유도 찾아낼 수 있지 않을까? 예리한 눈을 가진 독자들은 이미 발견했겠지만, 시리즈 II 실험에서 평균적인 bw75 대립유전자 빈도의 변화를 나타낸 그래프를 보면, 세대 0과 세대 4 사이에서 초파리 집단들의 평균적인 bw75 대립유전자 빈도가 계속 빠르게 증가했다가, 세대 5부터 세대 19에서 실험이 끝날 때까지 거의 변하지 않았음을 알 수 있다. 앞서 살펴보았듯이, 평균적으로 보았을 때 유전적 부동 현상은 대립유전자 빈도를 증가시키는 만큼 감소도 시키고, 대립유전자 빈도를 한 방향으로만 변화하게 할 수 없다. 다른 말로 하자면, 유전적 부동 현상만으로는 한 방향으로만 일관적으로 변화하는 대립유전자 빈도를 설명할 수 없다. 이 때문에 시리즈 II 실험이 시작한 후 처음 네 세대 동안 빠르게 증가한 bw 대립유전자 빈도를 설명하기 위해서는, 대립유전자 빈도를 한 방향으로 일관적으로 변화시킬 수 있는 진화 현상인 자연선택 또는 성선택 등을 고려해보아야 한다. 부리에는 자신의 논문에서 시리즈 II의 처음 네 세대 동안 bw75 대립유전자 빈도의 일관적 증가가 있었음을 인정하고, 시리즈 II의 마지막 세대에서 bw75로 고정이 된 초파리 집단의 수 30개가 bw로 고정이 된 집단의 수 13개보다 두 배나 많은 이유가 이 처음 네 세대 동안 증가한 bw75 대립유전자 빈도 때문이라고 설명한다. 하지만 부리에는 19세대에 걸친 실험 기간 동안 전체를 놓고 생각해볼 때 일관적인 bw75 대립유전자 빈도의 변화가 없었기 때문에, 실험 도중에 자연선택의 영향은 없었을 것이라고 결론을 짓는다.

　우리는 라이트－피셔 모델을 사용해서 처음 네 세대 동안 증가한 대립유전자 빈도가 유전적 부동만으로 설명되기는 힘들다는 것을 보일 수 있다. 유전적 부동 현상은 자연선택과 성선택의 귀무가설 null hypothesis로 생각할 수 있다. 한 대립유전자에 작용하는 자연선택 또는 성선택이 없다면, 우리는 유전적 부동 현상에 의한 대립유전자 빈도의 변화만 관측하게 될 것이다. 따라서 자연선택 또는 성선택이 그 대립유전자에 실제로 작용하고 있다고 판단하기 전에, 우리는 귀무가설을 기각할 수 있어야 한다. 즉, 우리는 관찰한 대립유전자의 빈도가 유전적 부동 현상만으로 나타날 확률을 계산하고, 그 확률이 유의 확률 significance probability보다 작은 경우에만, 예를 들어 유의 확률이 5%인 경우 관측 결과가 유전적 부동 현상만으로 설명될 확률이 5% 미만인 경우에만, 유전적 부동 현상이 아닌 다른 진화 현상이 대립유전자 빈도의 변화에 영향을 주고 있다고 주장할 수 있다. 우리는 라이트–피셔 모델을 사용해서 한 대립유전자 빈도의 변화가 유전적 부동 현상만으로 설명될 수 있는 확률을 구할 수 있고, 이 확률을 기반으로 부리에의 유전적 부동 실험에 작용한 자연선택 또는 성선택이 없었는지 있었는지를 판단해볼 수 있다.

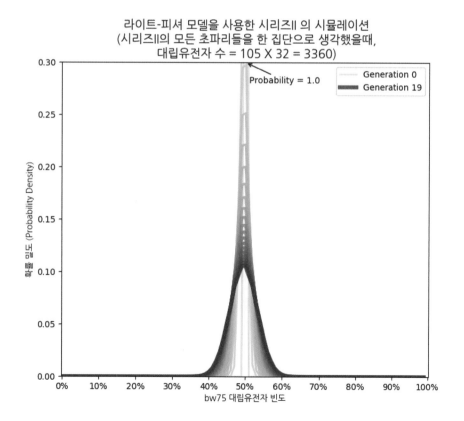

라이트-피셔 모델을 사용한 시리즈II 의 시뮬레이션
(시리즈II의 모든 초파리들을 한 집단으로 생각했을때,
대립유전자 수 = 105 X 32 = 3360)

물론 부리에의 결론처럼 시리즈 II의 처음 네 세대 동안 증가한 bw75 대립유전자 빈도는 적은 확률이기는 하지만 단순한 우연의 일치일 수도 있다. 시리즈 II 실험에서 한 세대를 이루는 모든 초파리의 수는 16마리×105 초파리 집단 1,680마리이다. 즉, 초파리 1,680마리의 초파리에 작용한 유전적 부동의 효과일 수 있다. 라이트-피셔 모델을 사용해서 bw75 대립유전자 빈도가 0.5인 1,680마리의 초파리 집단이 네 세대가 지난 후 대립유전자 빈도가 0.57 이상으로 바뀌게 될 확률을 계산해볼 수 있다. bw75 대립유전자 빈도가 0.5인 1,680마리의 초파리 집단에서 네 세대 후 대립유전자 빈도가 0.01 증가하여 0.51 이상으로 바뀔 확률은 28.8%로 상당히 크다. 즉, 1,000마리 이상의 큰 집단이라고 해도 대립유전자 빈도가 높은 확률로 조금씩 커지거나 작아질 수 있다는 것이다. 시리즈 I과 시리즈 II의 세대 5 이후의 평균 bw75 대립유전자 빈도가 실험이 진행되면서 0.01 이하로 작지만, 끊임없이 증가하거나 감소한 것이 유전적 부동 현상에 의한 것으로 생각해볼 수 있다. 하지만 부리에의 시리즈 II 실험에서처럼 네 세대 만에 대립유전자 빈도가 0.073 증가하여 0.573 이상으로 바뀐 것이 유전적 부동만으로 설명이 될 확률은 약 0.001%로, 유의 확률을 0.01%로 정해도 우리는 귀무가설을 기각하고 대립가설 alternative hypothesis을 채택할 수 있다. 즉, 라이트-피셔 모델을 사용해 우리는 시리즈 II의 처음 네 세대 동안 급격한 bw75 대립유전자 빈도의 변화에 자연선택이나 성선택과 같은 진화 현상이 관여했을 것으로 생각해볼 수 있다.

귀무가설	어떠한 유의한 진화 현상도 일어나고 있지 않다. 즉, 유전적 부동만 대립유전자 빈도의 변화에 영향을 주고 있다.
대립가설	유의한 진화 현상이 일어나고 있다. 유전적 부동 외에 자연선택이나 성선택과 같은 진화 현상이 작용하고 있다.

　　처음 네 세대 동안 증가한 bw75 대립유전자의 빈도에 유전적 부동만이 작용하였을 때, 마지막 세대에서 bw 또는 bw75 중 한 대립유전자에 고정된 초파리 집단의 수가 어떻게 될지 라이트-피셔 모델을 사용한 시뮬레이션으로 알아볼 수 있다. 부리에가 시리즈 II에서 계산한 유효집단 크기는 약 11.5마리였고, 각 초파리 집단이 23개의 유효한 대립유전자를 가지고 있다고 생각하여 라이트-피셔 모델을 적용

할 수 있다. 시리즈 II 실험이 시작하고 네 세대가 지난 세대 4에서 bw75 대립유전자 개수의 분포를 가져와서 라이트－피셔 모델을 사용해 세대 5～세대 19의 열다섯 세대를 시뮬레이션해보면, bw 대립유전자에 고정된 집단은 12.5개, bw75 대립유전자에 고정된 집단은 27.5개로, 실제로 고정된 집단의 수인 13개와 30개와 매우 비슷하다. 여기서 알 수 있는 점은, 평균적인 bw75 대립유전자 빈도가 0.5보다 크거나 작은 초파리 집단들에 유전적 부동이 작용하면 세대가 지남에 따라 각 대립유전자에 고정되는 초파리 집단의 수가 달라진다는 것이다. 다른 말로 하자면, 시리즈 II의 105개의 초파리 집단들의 bw75 대립유전자의 빈도를 0.5에서 증가시킨 원인은 세대 1～세대 4에 작용한 알 수 없는 자연선택 또는 성선택이었지만, 실제로 초파리들을 bw 대립유전자보다 bw75 대립유전자에 더 많이 고정한 진화 현상 자체는 중립적인 유전적 부동이었다는 것이다. 여기에서 유전적 부동에 대한 중요한 특성을 하나 더 이해할 수 있다. 한 집단의 대립유전자 빈도가 0.5보다 큰 경우, 집단의 대립유전자 빈도가 1로 고정될 확률이 0으로 고정될 확률보다 더 크다는 것이다. 반대도 마찬가지이다.

우리는 이 예시를 통해 자연선택 또는 성선택이 유전적 부동 현상과 동시에 작용하는 상황을 이해해볼 수 있다. 한 회색의 깃털 색을 가진 야생 바위 비둘기 Rock Pigeon 집단에서 예쁜 빨간색의 깃털을 만들어내는 새로운 대립유전자가 돌연변이를 통해 만들어진 상황을 생각해보자. 화려한 깃털을 만들어내는 대립유전자의 빈도가 강력한 성선택에 의해 몇 세대 만에 빠르게 증가한다면, 유전적 부동에 의해 크게 영향을 받지 않고 새로운 대립유전자는 바위 비둘기 집단에서 널리 퍼질 수 있을 것이다. 이번에는 덜 눈에 띄는 갈색의 깃털을 만들어내는 새로운 대립유전자가 돌연변이를 통해 생긴 상황을 생각해보자. 갈색 깃털에 작용하는 성선택이 매우 약해서 갈색 깃털을 만드는 대립유전자의 빈도가 수십 세대에 걸쳐 천천히 증가한다면, 유전적 부동의 영향을 크게 받게 된다. 즉, 갈색 깃털을 만드는 대립유전자가 유전적 부동 현상에 의해 없던 것처럼 바위 비둘기 집단에서 완전히 사라지기 쉬울 것이다. 새로 만들어진 대립유전자 빈도는 0에 매우 가까울 것이고, 자연선택이나 성선택과 같은 대립유전자 빈도를 빠르게 증가시킬 수 있는 진화 현상이 작용하지 않는다면, 유전적 부동에 의해 0으로 다시 고정될 확률이 '1'로 고정될 확률보다 매우 크다. 즉, 어떤 돌연변이 하나가 유전적 부동 현상을 이기고 대립유전자로서 등장하기 위해서는 그 돌연변이에 작용하는 자연선택이나 성선택이 어느 수준 이상으로 강해야 한다는 것이다.

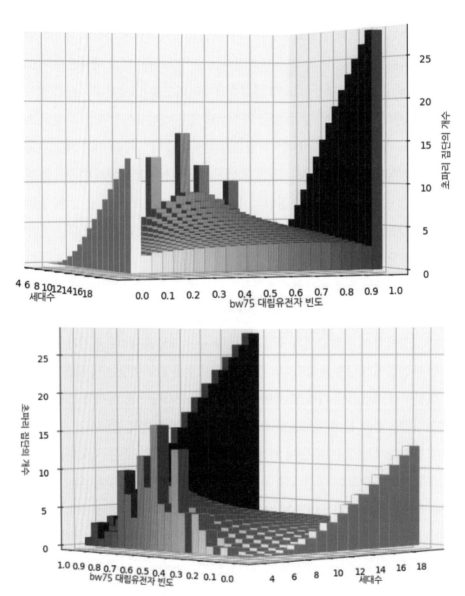

시리즈 II 실험 세대 4의 bw75 대립유전자 개수 분포에서 열다섯 세대 동안 유전적 부동의 효과만 작용했을 때 마지막 19번째 세대에서 고정된 초파리 집단의 개수가 어떻게 될지 라이트 – 피셔 모델을 사용해 시뮬레이션한 결과. 실제 시리즈 II 실험 결과와 비슷한 수로 고정된 집단들을 관찰할 수 있다.

자연선택

캠프 듀로의 풀밭에서 씨앗을 먹고 있는 핀치새들. 부리의 크기에 따라 먹을 수 있는 씨앗이 결정된다. 특히 먹이가 부족해지는 건기에는 너무 딱딱하거나, 작거나, 큰 이유로 핀치새가 먹기 힘든 특정 종류의 씨앗만 남기 때문에 부리의 크기가 생존에 중요하게 작용한다.

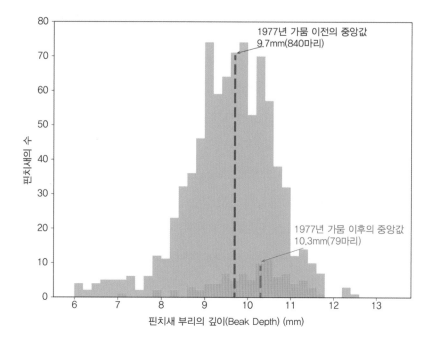

사진 출처:

Figure 3-13 Evolutionary Analysis, 4/e
© 2007 Pearson Prentice Hall, Inc.

1977년 극심한 가뭄에 의해 평소에 먹지 않던 커다란 씨앗을 먹기 위해 부리가 커지도록 진화한 데프니메이저섬(Daphne Major)의 핀치새들. 진화생물학자 그랜트는 갈라파고스 제도에 있는 데프니메이저라는 작은 섬에서 1,000마리 정도의 핀치새 부리의 깊이를 측정했다. 사람이 살아가는 데 손이 중요한 것처럼 핀치새의 부리는 핀치새 일생의 거의 모든 활동에 사용되어 중요하다. 핀치새의 부리 깊이는 유전에 의해 거의 결정된다. 이 때문에 진화한 핀치새들의 자손들은 큰 부리를 가질 수 있다.

핀치새의 부리 모양과 크기는 핀치새가 어떤 먹이를 먹을 수 있는지와 먹을 수 없는지를 결정한다. 부리가 큰 핀치는 큰 씨앗을 먹을 수 있지만 작은 씨앗을 먹을 수 없다. 부리가 작은 핀치는 큰 씨앗을 먹을 수 없지만 작은 씨앗은 잘 먹을 수 있다. 우기에는 비가 많이 와서 식물이 잘 자라기 때문에 먹이가 풍부하지만 비가 적게 오는 건기에는 먹이가 부족해진다. 먹이 경쟁이 심해지는 건기에 부리의 모양이나 크기가 어떤 핀치새가 살아남을지를 결정한다. 부리의 크기 중 깊이 depth는 부리가 머리의 꼭대기부터 얼마나 깊이 내려갔는지를 보여주는 척도이다. 부리의 깊이가 깊으면 깊을수록 지렛대의 원리에 의해 똑같은 힘으로 부리를 움직이는 근육이 움직여도 부리의 끝에서 더 큰 힘을 쓸 수 있게 된다.

1976년에 그랜트 Grant가 데프니메이저 Daphne Major에 있는 840마리 핀치새의 부리의 깊이를 측정했다. 이때 부리의 평균 깊이가 약 9.7mm였다. 이후 1977년에 극심한 가뭄으로 작은 씨앗의 수가 급격히 줄었다. 작은 부리를 가진 새들이 먹을 수 있는 씨앗의 수가 줄었다. 씨앗의 수가 줄자 먹이 경쟁이 심해져서 많은 핀치새가 살아남지 못했다. 가뭄이 지나고 그랜트가 1978년에 다시 방문하여 살아남은 79마리새의 부리의 깊이를 측정했다. 840마리 중 단 79마리만 살아남은 것이다. 놀랍게도 핀치새의 부리의 평균 깊이가 약 10.3mm보다 증가했다. 자연이 냉정하게 환경에 적합한 이들을 골라낸 것이다. 부리가 작은 핀치새보다 부리가 큰 핀치새가 더 많이 살아남을 수 있었다. 가뭄으로 작은 씨앗이 부족할 때 부리가 더 큰 새는 큰 힘을 주어야지만 부수어 먹을 수 있는 씨앗을 먹이로 사용할 수 있어서 살아남을 수 있었다. 즉, 환경 변화에 적합한 생명체가 살아남은 현상을 정량적으로 확인할 수 있었다. 이렇게 자연선택은 다윈의 추상적인 개념에서 벗어나 구체적 값을 통해 이해될 수 있다.

갈라파고스 생물들을 통해 살펴보는 진화의 사례

갈라파고스 거대 거북

먼 옛날에 거대 거북의 조상이 갈라파고스 제도로 건너온 이후, 거대 거북은 갈라파고스 제도의 환경에 적합하게 다른 종으로 진화했다. 거대 거북은 지구 전체에 걸쳐 서식했었지만, 대륙에 있던 거대 거북은 포식자에 의해서 사라지고, 포식자가 없는 섬에서만 현재 남아 있다. 거대 거북은 덩치가 커서 먹이활동을 위해 이동이 잦다. 섬의 면적이 어느 정도 넓지 않으면 교합 hybridization 이 일어나서 유전자가 서로 섞이기 쉽다. 서로 다른 종 간에 교배가 일어나지 않을 정도로 충분한 거리가 있어야 종의 분화가 일어난다. 이러한 이유로 갈라파고스 제도에서 면적이 넓은 이사벨라섬과 산타크루즈섬에만 2종 이상의 서로 다른 거대 거북이 서식한다. 안타깝게도 과거의 무분별한 포획과 남획 이후, 현존하는 거북이는 과거에 존재했던 거대 거북 수의 6%에 불과하다. 이에 찰스 다윈 연구소는 처음으로 거대 거북 보존 프로젝트를 시작하였다.

거대 거북은 땅의 진동에 민감하게 반응하기 때문에 우리는 천천히 길을 걸으며 거대 거북을 관찰했다. 산타크루즈섬 보호센터에 있는 거대 거북은 야생 거대 거북보다 먹이를 풍부히 먹을 수 있어서 더 덩치가 크다. 거대 거북의 등껍질은 거대 거북에 대한 많은 정보를 담고 있다. 거북의 껍질은 사람의 손톱을 이루는 성분인 케라틴 keratin 으로 이루어져 있다. 거대 거북의 등껍질은 조각으로 나누어져 있는데, 각각 조각이 성장한다. 나무의 나이를 나이테로 추정할 수 있는 것처럼 거북이의 나이도 거대 거북의 등껍질에 있는 선의 개수로 추정할 수 있다. 나이가 많은 거대 거북은 등껍질이 닳아서 등껍질에 있는 줄무늬가 희미해져 보이지 않는다.

엘 차토 보호구역에서 먹이를 찾으러 이동 중인 돔 모양 거대 거북.

1   인도를 가로막고 사람을 신경 쓰지 않고 위풍당당 길을 걷고 있는 거대 거북. 자신감이 넘쳐 보인다.

2   거대 거북은 이빨은 없지만 뾰족하게 튀어나온 부분으로 식물을 찢어 먹을 수 있다. 육식동물은 사냥할 때 사냥감을 입체적으로 포착하기 위해 눈이 머리의 앞에 달려 있다. 육식동물과 달리 거대 거북과 같은 초식동물의 눈은 머리의 옆에 있기 때문에 주변의 위협을 빨리 감지할 수 있고 먹이를 넓게 탐색할 수 있다. 거대 거북의 먹이는 주로 바닥에 떨어져 있는 식물의 열매와 줄기이기 때문에 거대 거북의 눈은 아래를 향하고 있다.

엘 차토 보호구역에서 안현수 학생이 거대 거북이 풀을 뜯어 먹고 있는 모습을 촬영하고 있다.

거대 거북의 등껍질은 어느 섬에 사는 거대 거북인지에 따라 다르다. 같은 거대 거북처럼 보이지만, 자세히 살펴보면 서로 다른 섬에 적응하여 나타난 차이점을 찾을 수 있다. 다윈의 항해 일지를 살펴보면, 갈라파고스의 한 거주민이 자신이 거북의 등껍질만 봐도 거북이 어디에서 왔는지 알 수 있다고 다윈에게 말했다는 기록이 있다. 다윈이 처음 그 말을 들었을 때 반응은 시큰둥했으나, 나중에 진화론에 대한 중요한 단서임을 깨달았다.

갈라파고스 제도의 거대 거북은 등껍질 모양에 따라 돔 모양 dome shaped과 말안장형 모양 saddle shaped으로 분류된다. 돔 모양 거북은 등껍질이 둥그렇게 매끈해서 나뭇가지가 이리저리 얽혀 있는 울창한 숲을 통과할 때 등껍질이 걸리적거리지 않는다. 건기와 우기와 같은 계절의 변화에 맞추어 먹이활동을 위해 고지대와 저지대 사이를 이주해야 하는 거대 거북들에게는 돔 모양의 등껍질이 적합하다. 하지만 돔 모양 거대 거북은 등껍질이 둥그렇기 때문에 목을 길게 뺄 수 없어서 높은 곳에 있는 먹이를 먹을 수가 없고 풀잎들과 떨어진 과일, 떨어진 선인장 줄기들을 주로 먹게 된다. 즉, 돔 모양 거대 거북은 먹이를 먹을 수 있는 범위가 줄어든다는 단점이 있다. 이사벨라섬의 거대 거북처럼 산타크루즈섬의 거대 거북도 돔 모양이다.

거대 거북 보존 프로젝트에 큰 공을 세운 것으로 유명한 거대 거북 디에고 Diego로 대표할 수 있는 에스파뇰라섬의 거대 거북들은 말안장형 모양이다. 말안장형 모양 등껍질은 등껍질의 높이가 훨씬 높아 나뭇가지가 자주 걸릴 수 있는 수목이 울창한 곳을 지나가기에 불편하다. 하지만 목을 더욱 높이 뻗을 수 있어 높은 곳에 위치한 말랑말랑한 선인장 줄기를 먹기에는 더욱 편하다. 에스파뇰라섬은 섬의 고도가 낮아 비가 수시로 내리는 고지대를 찾을 수 없다. 이러한 건조한 환경에서 갈라파고스 부채선인장이 섬 식생의 대부분을 차지하게 된다. 건기와 우기에 맞추어 이주를 할 필요가 없고 부채선인장이 주변에 많은 거대 거북들에게는 말안장형의 등껍질이 적합하다. 이들은 먹이가 부족한 건조한 환경에 있으므로 돔 모양의 거대 거북과 비교했을 때, 크기가 작고 몸무게가 적게 나간다.

산타크루즈 엘 차토 보호구역에서 한낮의 더위를 이겨내기 위해 두 거대 거북이 진흙탕에서 시간을 보내고 있다.

거대 거북은 성에 따라 구별할 수 있다. 암컷 거대 거북은 꼬리가 짧다. 수컷 거대 거북은 꼬리에 생식기가 있어서 암컷보다 더 길다. 또한 암컷 거대 거북은 배 밑 부분의 껍질이 평평하지만 수컷 거대 거북의 배 밑 껍질은 오목하다. 짝짓기할 때 수컷이 암컷 위로 올라가는데, 이 때문에 수컷이 실수로 암컷의 등에서 굴러 떨어져 뒤집어질 가능성이 있다. 거대 거북은 성체가 되면 무게가 상당히 무거워져 뒤집혔을 경우 스스로 몸을 뒤집는 것이 거의 불가능해진다. 오목한 수컷의 배 껍질은 수컷이 암컷의 등에서 실수로 떨어질 확률을 줄여준다.

거대 거북은 변온동물이기 때문에 체온조절이 중요하다. 거대 거북은 행동으로 체온조절을 하는데, 진흙탕에서 체온을 줄인다고 한다. 이 때문에 거대 거북은 진흙탕에서 쉽게 발견된다. 열을 조절하지 못하면 죽음에 이를 수 있다. 이와 관련된 이야기가 있다. 1985년 7월에 한 농부의 실수로 이사벨라섬에서 큰 화재가 발생했다. 찰스 다윈 연구소와 세계 각지의 생태 보호 운동가는 이사벨라섬에 있는 거대 거북을 급하게 산타크루즈섬으로 옮겼다. 생태 보호 운동가는 거대 거북 15마리를 긴 막대에 끈으로 매달아 2명에서 4명의 장정에 의해 운반하도록 하였다. 그런데 불행히도, 그중 두 마리가 이동 중에 더운 날씨에 오랜 시간 매달려 있었기에 체온이 너무 올라가 죽었다.

[더 알아가기] 산타크루즈섬의 새로운 종의 발견
"Description of a new Galápagos giant tortoise species"

갈라파고스 거대 거북의 분류는 기본적으로 외형적인 특징과 어느 섬에서 유래했는지에 따라 분류를 해왔다. 하지만 최근의 한 유전학적 연구는 외형적인 특징에 따른 갈라파고스 거대 거북의 분류가 수정되어야 함을 보여주었다 Poulakakis et al., 2015. 유전학적 연구를 통해 산타크루즈섬의 동쪽에 있는 거대 거북과 서쪽에 있는 거대 거북이 서로 다른 진화적 유연관계를 가진다는 것이 밝혀졌다. 새롭게 발견된 종은 C. porteri로, 동쪽에서 발견된 종과 유전적 차이가 상당하다고 밝혀졌다.

한편, 산타크루즈에 있는 두 종의 거대 거북이 다시 교잡 hybridation 이 일어날 것이라는 우려도 있다. 한 섬에 가까이 있는 거대 거북이 다른 종으로 진화하기 위해서는 지리적인 장벽이 있어야 한다. 지리적인 장벽은 거대 거북 간의 왕래를 차단하여 각각의 거대 거북이 독특한 진화를 할 수 있도록 한다. 산타크루즈섬에서 서로 다른 두 종이 La Reserva 라레셀바 와 Cerro Fatal 세로파탈 에서 각각 독자적으로 진화할 수 있었던 이유는 두 지역 사이의 울창한 수목들 때문이었다. 울창한 수목들이 거대 거북이 왕래하지 못하도록 길을 막아서 지리적 격리가 발생했다. 그러나 최근 인간의 활동으로 La Reserva와 Cerro Fatal 간의 수목들이 제거되고 농경지로 전환되자, 두 종 간의 왕래가 가능해졌다. 이는 곧 서로 다른 두 종의 교잡의 가능성을 의미한다. 인간 활동이 두 종의 진화에 적지 않는 영향을 줄 것이라는 전망이 있다. 지구에 있는 생명체들과 함께하는 발전을 위해서라면 고려해볼 문제이다.

산타크루즈섬 (Santa Cruz) 라레셀바 (La Reserva) 지역의 거북이들	서열 데이터
산타크루즈섬 (Santa Cruz) 세로파탈 지역의 (Cerro Fatal) 지역의 거북이들	서열 데이터
산크리스토발섬의 (San Cristobal) 거북이들	서열 데이터

기존에 산타크루즈섬에는 *Chelonoidis porteri* 거대 거북이 한 종만 있다고 생각됐다. 하지만 2015년에 산타크루즈섬의 La Reserva 지역과 Cerro Fatal 지역에 서로 다른 두 종의 거대 거북이 서식하고 있었다는 사실이 밝혀졌다. 두 지역에 사는 거대 거북들의 유전자 서열을 분석하여 하플로타입 네트워크(Haplotype Network)를 그려본 결과, 산타크루즈섬의 두 지역 중에서 산크리스토발섬(San Cristobal)에 더 가까운 Cerro Fatal 지역의 거대 거북은, 산크리스토발섬과 그 주변의 산타페섬(Santa Fe)과 에스파뇰라섬(Española)의 거북이들과 한 그룹으로 묶어졌다. 반대로, 산타크루즈섬의 두 지역 중 이사벨라섬에 더 가까운 La Reserva 지역의 거대 거북은, 이사벨라섬과 그 주변의 페르난디나섬(Fernandina), 플로레아나섬(Floreana), 핀존섬(Pinzon)과 라비다섬(Rabida)의 거북이들과 한 그룹으로 묶였다. 한 섬에 사는 거북이들이었지만, 다른 섬에 사는 거북이들과 더 비슷한 산타크루즈섬의 거대 거북이들은 거대 거북이 어떻게 섬과 섬 사이를 이동했는지에 대한 궁금증을 던져준다. 새로 발견된 Cerro Fatal 지역에 서식하고 있는 *Chelonoidis donfaustoi* 종은, 갈라파고스 거대 거북 보전사업에 헌신한 갈라파고스 국립공원 레인저인 파우스토 산체스(Fausto Llerena Sanchez)의 별명인 "돈파우스토"를 따라 지어졌다.*

---

* 출처 : Poulakakis et al., 2015.

[더 알아가기] 먹이를 찾기 위한 거대 거북의 이주 행동

"Vegetation dynamics drive segregation by body size in Galápagos tortoises migrating across altitudinal gradients"

1   거대 거북은 이빨이 없기 때문에 식물을 튼튼한 혀로 으깨어 먹는다. 거대 거북은 식물을 으깨 먹기 때문에 식물의 즙이 입 밖으로 넘쳐흐른다.

2   먹이를 먹고 있는 거대 거북의 옆모습

산타크루즈섬의 거대 거북은 거대 거북의 이주를 연구하기에 이상적인 장소이다. 산타크루즈섬에는 포식자가 없고 외부로부터의 유입과 유출이 없기에 거대 거북을 쉽게 추적할 수 있다. 과학자들은 거대 거북의 이동에 대한 두 가지 가설을 세웠다 Blake et al., 2012. 먼저 그룹 이동설이다. 그룹 이동설은 거북이가 시기에 따라 함께 그룹을 지어 고지대에서 저지대로, 또는 저지대에서 고지대로 이동한다는 가설이다. 다른 하나의 가설은 개인 이동설이다. 개인 이동설은 거대 거북이 개별적으로 먹이를 찾기 위해 떠돌다가 고지대에서 저지대로, 또는 저지대에서 고지대로 이동한다는 가설이다. 연구를 위해 과학자는 거대 거북에 GPS를 달고 거대 거북의 이동을 추적했다 Blake et al., 2012. 산타크루즈섬에는 12~6월이 우기인데, 우기가 끝나가는 5월에 먹이가 가장 풍부하다. 비가 많이 오면 저지대 low land에 식물이 풍부해져서 거대 거북이들이 저지대로 이동한다. 특히, 새싹은 살이 연하고 단백질이 풍부하므로 거대 거북이들이 선호한다고 알려져 있다. 고지대 highland zone는 저지대와 달리, 이미 자란 식물이기 때문에 질겨서 저지대의 식물보다는 덜 선호한다고 한다. 이후 비가 적게 오는 건기가 되면 저지대의 먹이도 떨어져서 거대 거북은 먹이를 찾기 위해 고지대로 올라온다고 한다. 실험 결과로 한 가지 흥미로운 것은 거대

거북의 몸집 크기에 따라 저지대에서 고지대로 이주하는 시기가 달랐다. 작은 크기의 거대 거북은 많은 양의 음식을 먹을 필요가 없어 건기가 되고 나서도 상대적으로 더 오랫동안 저지대에 머물렀다. 연구를 진행하기 전에는 많은 학자가 그룹 이동설을 지지했지만, 이 실험의 통계 결과는 개인 이동설을 더 지지하고 있다.

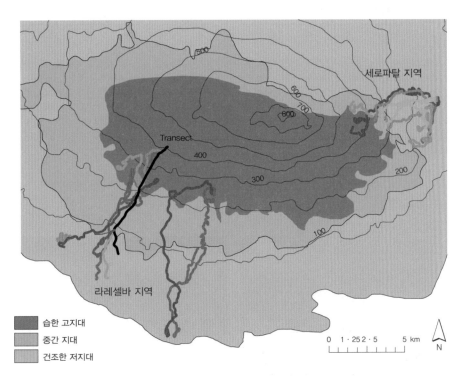

산타크루즈섬의 거북이 20여 마리에 GPS 추적기를 달고 이주한 경로들을 표시한 지도로 야생 거북이들을 관찰한 위치가 표시되어 있다. 모두 건기에는 계절과 상관없이 풀들이 있는 고지대로 거북이들은 이동하지만, 3월부터 시작되는 우기가 되면, 영양가 있는 막 자라난 새싹들을 섭취하기 위해 저지대로 이동한다. GPS 이동 경로를 보면 La Reserva 지역에 서식하는 거대 거북 종들은 La Reserva 지역에서 저지대와 고지대 사이를 이주하고, Cerro Fatal 지역에 서식하는 거대 거북 종들은 Cerro Fatal 지역 안에서만 이주함을 알 수 있다. 흥미로운 점은 거대 거북들은 저지대로 향할 때 집단으로 이주하지 않고 개인적으로 이주한다는 점이고, 그런데도 한 지역 안에서 이동하는 이동 경로가 비슷하다는 점이다.*

---

* 출처 : Blake et al., 2012.

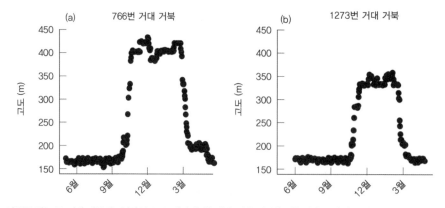

이주를 하는 두 거대 거북의 1년간의 GPS 데이터. 첫 번째 거대 거북은 9월 말에 고지대로 이주하기 시작해서 해발 400m 정도로 높이 올라간 다음에서야 멈추었고, 2월 중순부터 비가 내리기 시작하자 저지대로 내려왔다. 두 번째 거대 거북은 한 달 늦게 10월 중순이 넘고 나서야 고지대로 이주하기 시작하였고, 첫 번째 거북보다 낮은 고도인 해발 350m에서 멈추었지만, 비가 내리기 시작하는 2월 중순에 첫 번째 거대 거북과 동시에 내려왔다. 거대 거북 20마리의 GPS 신호를 분석한 결과, 고지대로 이주를 시작하는 시기는 거대 거북마다 얼마나 에너지가 있어야 하느냐에 따라 결정된다는 것을 알게 되었다. 에너지가 많이 필요한 거북이는, 고지대로 조금 더 일찍 이주해 부족한 에너지를 채우려고 한다는 것이다.[*]

바다이구아나

1 번식기가 시작되어 수컷 바다이구아나가 자신의 영역에서 가장 높은 바위 위로 올라가 짝짓기를 위한 영역 행동을 펼치고 있다.

2 새끼 바다이구아나. 검은 화산암과 바다이구아나의 피부색이 유사하여 한눈에 구별하기 어렵다.

바위와 바위 사이를 살펴보면 바다이구아나 Marine Iguana도 발견할 수 있다. 바다이구아나의 색이 바위의 색과 매우 비슷해서 자세히 살펴보지 않으면 찾기 어려웠다. 위장 색의 효과가 엄청났다. 가까이서 보지 않으면 바다이구아나들은 돌덩어리처럼 보였다.

* 출처 : Blake et al., 2012.

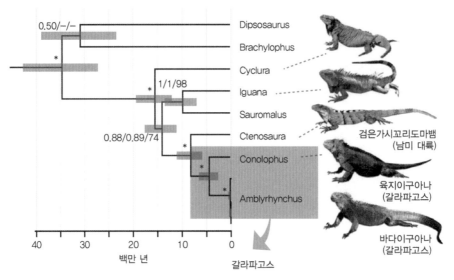

갈라파고스 육지이구아나(*Conolophus*)와 갈라파고스 바다이구아나(*Amblyrhynchus*)는 약 2백만 년~7백만 년 전 공통 조상으로부터 갈라져서 서로 다른 종으로 분화되게 되었다. 염기쌍 3,000개 정도 길이의 유전자 염기서열을 분석한 결과, 남미 대륙의 검은가시꼬리도마뱀속(*Ctenosaura*) 이구아나들이 갈라파고스 제도의 육지이구아나와 바다이구아나와 관련되어 있음이 밝혀졌다.*

    바다이구아나는 150cm 정도 크기의 세계에서 유일한 해양성 도마뱀으로 갈라파고스의 고유종이다. 먼 과거에 남아메리카 대륙에서 이구아나의 조상이 갈라파고스 제도에 바다를 건너 도착했다. 파충류는 포유류와 달리 물을 장기간 마시지 않더라도 생존할 수 있어서 갈라파고스 제도에 도착할 수 있었다. 먼 대양을 건너 갈라파고스 제도에 자리 잡았지만, 갈라파고스 제도는 화산섬이기에 먹이가 부족했다. 이구아나의 조상은 약 2백만 년 전에 먹이를 찾기 위해 육지로 깊숙이 들어간 부류와 바다에서 먹이를 찾기 시작한 부류로 나뉘었다. 육지로 들어간 부류는 육지이구아나로 진화하였고, 바다에서 먹이를 찾기 시작한 분류는 바다에 점차 적응하면서 바다이구아나로 진화하였다. 이 둘은 같은 조상에서 분화되었지만, 서로 다른 특징들을 가지고 있다. 바다이구아나는 바닷물에서 헤엄을 잘 칠 수 있도록 꼬리가 넙적하다. 또한 얼마 되지 않는 잠수 시간 동안 최대한 많은 양의 해조류를 먹을 수 있도록 입이 뭉툭하다. 바다이구아나의 뭉툭한 잎은 바위에서 넓은 면적의 해조류를 뜯을 수 있도록 해준다. 추운 바닷물에서의 다이빙을 마치고 해변가

---

* 출처 : MacLeod et al., 2015.

의 바위로 올라올 때 바위를 타고 올라올 수 있도록 발톱이 날카롭게 발달하였다. 또한 검은색의 피부는 태양열을 효율적으로 흡수하여 차가운 바닷물로 인해 내려간 몸의 온도를 다시 빠르게 높일 수 있도록 돕는다. 검은색의 화성암 위에서 바다이구아나의 검은색 피부는 갈라파고스 매의 시야로부터 숨을 수 있게 하는 위장 색으로써 기능하기도 한다. 반대로, 건조 지대에서 부채선인장에서 떨어진 선인장 줄기들을 먹는 육지이구아나는 입이 뾰족하고 건조 지대의 땅 색깔과 비슷한 노란색의 피부색을 가진다.

바다이구아나는 바닷속 해초를 먹는다. 바다이구아나는 20m 정도의 깊은 바닷속에서 30~40분을 버틸 수 있다고 한다. 헤엄을 칠 때 몸을 붙이고 꼬리를 흔드는데, 몸보다 꼬리가 훨씬 길어서 바다에서 헤엄치기에 유리하다. 위와 아래로 꼬리를 흔들며 헤엄을 치는 돌고래와 달리 양옆으로 몸을 비틀면서 헤엄을 친다.

1 바다이구아나의 얼굴 사진. 바다이구아나의 입은 뾰족하지 않고 뭉툭하여 바위에 붙어 있는 해조류를 남김없이 갉아 먹을 수 있다. 바다이구아나는 머리에 있는 특수한 샘을 사용해서 해조류에서 섭취한 염분을 농축해 콧구멍을 통해 배출할 수 있는데, 배출할 때 마치 코를 푸는 것처럼 뿜어낸다. 바다이구아나의 앞으로 가까이 다가가서 놀라게 할 경우 바다이구아나의 콧구멍에서 뿜어져 나오는 소금물을 맞을 수 있어서 조심해야 한다.

2 바닷물 속으로 잠수하여 바위에 붙어 자라고 있는 초록색 해조류를 먹고 있는 바다이구아나. 바다이구아나는 뒤에 보이는 갈색의 해조류보다 초록색 해조류를 선호하는 듯하다. 바다이구아나의 피부에서 무언가를 찾아서 먹고 있는 듯한 물고기 콜테즈 무지개색 놀래기를 찾을 수 있다. 뒤로 수영하고 있는 바다사자가 보인다.*

* 출처 : Marine iguana feeding underwater off Fernandina Island, Galápagos Islands ⓒSodacan.

1 얕은 물속에서 휴식을 하고 있는 바다이구아나

2, 3 날카로운 발톱으로 파도를 이기고 바다에서 짧은 식사를 마치고 바닷가의 거친 화산암 바위를 기어오를 수 있다.

4 산타크루즈섬의 해안가의 벽을 날카로운 발톱을 사용해 기어오르고 있는 새끼 바다이구아나. 바다이구아나가 날카로운 발톱을 사용해서 갈라파고스 제도 해안가의 거칠고 가파른 화산암 바위들을 올라가는 모습을 떠올릴 수 있다.

5, 6 연안 지대의 얕은 물에서 헤엄을 치고 있는 바다이구아나. 바다이구아나는 꼬리를 좌우로 흔들어서 헤엄을 친다.

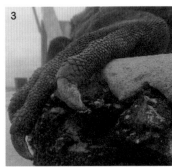

1 연안 지대에서 얕은 물에서 헤엄을 치고 있는 바다이구아나. 바다이구아나는 꼬리를 좌우로 흔들어서 헤엄을 친다.

2 바다이구아나의 꼬리를 확대한 모습. 바다이구아나의 평평하고 긴 꼬리는 물고기의 지느러미 같은 역할을 한다.

짝짓기

바다이구아나는 암수의 차이가 크다. 암컷 바다이구아나가 수컷 이구아나보다 훨씬 크다. 우리는 높은 바위 위에 올라가 소리를 내며 머리를 위아래로 흔드는 바다이구아나의 이상한 행동을 자주 볼 수 있었는데, 이것은 우기의 시작과 함께 시작하는 바다이구아나의 짝짓기 기간에 수컷 바다이구아나가 자신의 영역을 선언하고 암컷 이구아나의 관심을 끌기 위해 하는 행동이다. 암컷 이구아나에게 구애하기 위해 머리를 위아래로 흔든다. 육지이구아나도 바다이구아나와 비슷하게 울음소리를 내면서 머리를 흔들며 구애 행동을 한다. 바다이구아나와 육지이구아나가 공통 조상으로부터 분화한 지 약 800만 년 정도 지난 것으로 과학자들은 생각하고 있다. 그럼에도 불구하고 두 이구아나의 구애 행동이 비슷하다는 사실이 놀랍다.

이구아나의 구애 행동은 새와 놀라울 정도로 유사하다. 먼저 다윈의 진화론으로 유명해진 핀치새의 번식방법부터 살펴보자. 수컷 선인장 핀치새는 선인장 위에 둥지를 짓고 자기만의 영역을 만든다. 이때 다른 수컷이 자신의 영역을 침범하면 싸워서 쫓아낸다. 수컷은 암컷을 유혹하기 위해 선인장의 가장 높은 곳에 올라가서 자신의 아버지로부터 배운 독특한 노래를 부른다. 암컷은 돌아다니다가 수컷의 노

찰스 다윈 연구소 육지에서 사육되고 있는 육지이구아나. 누워서 눈을 감고 편안히 잠을 자고 있다.

래와 구애 행동이 마음에 들면, 그 수컷의 영역 안으로 들어가 '술래잡기'를 한다. 수컷과 암컷이 곡예 비행과도 같이 예측할 수 없는 방향으로 날며 서로를 쫓아다니는 구애 행동이다. 암컷이 수컷의 비행이 마음에 들면, 수컷이 자신에게 올라타는 것을 허용하고, 짝짓기가 일어난다. 수컷 이구아나도 수컷 선인장 핀치새처럼 자신만의 영역을 설정하고 암컷에게 구애한다. 바다이구아나는 턱을 위아래로 흔들면서 '그르륵' 소리를 내며, 자신의 영역에서 가장 높은 바위 위에 올라서 영역 활동을 펼친다. 수컷 사슴들이 뿔로 경쟁하는 것처럼 바다이구아나도 자신의 영역에 침입하는 수컷이 있다면, 머리 위에 있는 볏 crest으로 영역 밖으로 밀어낸다 Eibl-Eibesfeldt, 1966. 사슴처럼 먼 거리를 뛰어 와서 충돌하는 것은 아니고, 서로의 볏을 맞댄 상태로 힘을 주어 상대방을 밀어내는 행동을 한다. 이런 밀어내기는 짧으면 수분에서 길면 한 시간까지도 지속된다고 한다. 짝짓기가 끝난 이구아나 암컷은 평평한 땅에 알을 낳기 위한 최적의 위치를 선점하기 위해 서로 경쟁한다. 이처럼 이구아나와 핀치새의 번식방법은 매우 유사한데, 이를 행동 유사성 behavior homology이라고 한다. 무희새 Manakin와 같이 구애 행동이 매우 복잡한 새들의 경우는 행동 유사성을 사용하여 새들 간의 진화적 유연관계를 정확하게 유추하는 것이 가능하다. 진화의 유연관계가 더 가까울수록 구애 행동의 유사성이 더 높아진다.

우리는 무리를 지어 일광욕을 즐기고 있는 바다이구아나를 쉽게 볼 수 있었다. 바다이구아나는 변온 동물이기 때문에 체온조절이 굉장히 중요한데, 체온이 내려

1 이사벨라 바닷가에서 바다이구아나가 짝짓기를 위한 영역 활동을 하고 있다. 피부의 색깔이 분홍색과 청록색으로 화려하게 바뀌고 있으며, 자신의 영역에서 제일 높은 곳에 올라가 '그르륵' 하는 소리를 내면서 목을 위아래로 빠르게 흔든다. 암컷 바다이구아나가 수컷 이구아나의 구애 행동(courtship display)에 만족하면, 수컷 이구아나의 영역 안으로 들어가 짝짓기를 하게 된다.

2, 3 수컷 이구아나의 머리 위에 높이 솟아 있는 단단한 볏들. 몸집이 큰 수컷들이 해안가의 좋은 자리들을 다 차지하고 나면, 중간 정도 몸집의 수컷들은 이들의 영역 주변을 돌아다니며 영역을 차지한 수컷들에게 도전을 하게 된다. 영역을 차지하기 위한 수컷들의 싸움은 정해진 규칙을 따른다. 영역을 차지하고 있는 수컷이 자신의 머리에 솟아 있는 볏을 영역을 침범한 수컷 이구아나의 볏과 맞대어 자신의 영역 밖으로 밀어내게 되는데, 몇 시간 이상 승자가 안 날 수 있고, 잠시 쉬는 시간을 가지고 싸움이 계속되게 된다(Eibl–Eibesfeldt, 1966). 짝짓기 경쟁이 심할 때는 인기 있는 수컷만 암컷들과 짝짓기를 하게 되는데, 짝짓기를 하지 못한 수컷들은 암컷들에게 강제(sexual coercion)로 짝짓기를 시도하기도 한다. 번식기가 시작이 되는 기간에 갈라파고스 제도를 방문해 직접 관찰하지는 못했지만, 그림과 같이 번식활동이 매우 활발해지는 기간에 방문하게 되면 분홍색과 청록색으로 매우 화려해진 수컷 바다이구아나를 관찰할 수 있다.

가면 서로 몸을 겹치거나 일광욕을 하여 체온을 높인다. 손바닥 크기의 작은 새끼 바다이구아나들 수백 마리가 해변가에서 무리 지어 있는 모습을 보았다. 바다이구아나 새끼들을 이끄는 부모가 있는 것처럼 보이지는 않았다. 암컷 바다이구아나는 짝짓기가 끝나고 1달 뒤에 2개에서 4개 사이의 알을 해변가에서 100m~1km 떨어진 지역의 모래밭에 묻는다. 3~4달 뒤 알에서 나온 새끼 이구아나들은 서로 모여 집단을 이루고 안전한 장소를 찾아 다 같이 이동하게 된다. 새끼 이구아나들이 부모의 도움 없이 서로서로 의지하며 성장하는 것을 보고 놀랍다는 생각이 들었다. 바다이구아나 새끼들은 두 달 후에 알을 깨고 나온다. 이때 몇몇 바다이구아나 새끼들은 갈라파고스 바다이구아나의 유일한 천적인 매의 먹이가 된다. 매의 위협을 피한 새끼 바다이구아나가 성장하면 더 이상의 천적에게서 오는 위협은 없다고 한다. 이구아나의 수명은 야생에서 약 5년에서 12년 사이로, 최장 60년까지 살 수 있다고 한다.

체온조절을 위해 일광욕을 하는 새끼 바다이구아나들. 새끼 이구아나들은 50마리에서 100마리씩 군집을 이룬다. 다 자란 바다이구아나와 달리 관광객의 발소리와 떠드는 소리에 민감해서 조금 크게 이야기하면 다 같이 도망가는데, 군집을 이룬 새들이 강물 위에 떠 있다가 갑자기 하늘을 향해 질서정연하게 날아가는 것처럼 간격을 맞추며 질서 있게 도망간다.

우리는 우연히 돌 위에 있는 사냥을 당한 새끼 바다이구아나의 사체를 보았다. 우리들의 눈에는 바다이구아나가 평화롭게 일광욕이나 수영을 즐기는 것처럼 보이겠지만, 바다이구아나에게는 이조차 생존을 위한 사투일지 모른다. 또, 길을 가던 중 당혹스러워하는 바다이구아나의 모습이 발견되었다. 바다이구아나의 꼬리가 절반 넘게 잘린 것이다. 바다이구아나는 꼬리로 수영을 하는데, 꼬리가 반이 없으면 밥도 못 먹고 수영도 못해서 살아남기 힘들다. 어떤 관광객이 실수로 새끼 이구아나의 꼬리를 밟아서 잘린 것 같다고 추측했다.

이사벨라섬 해안가 근처의 라스틴토라레스섬에서 발견한 이구아나의 사체. 갈라파고스 매(Galápagos Hawk, *Buteo galapagoensis*)에 의해서 사냥당했을 것으로 추측한다. 이사벨라의 시에라네그라산의 칼데라를 향해 등산할 때, 갈라파고스 매가 지스트 학생들의 위를 원을 그리며 맴돌았다. 갈라파고스 매는 곤충, 라바 도마뱀, 쥐들을 먹지만, 육지이구아나와 바다이구아나를 사냥하는 모습이 자주 발견이 되고는 한다.

진화론에 따르면, 모든 생명체는 하나의 조상으로부터 유래하였다. 지구상에 있는 서로 다른 종의 생명체는 공통 조상으로 묶일 수 있다. 상동기관 homologous organ은 같은 공통 조상으로부터 유래한 서로 다른 종 간에서 찾을 수 있는 유사성이다. 대표적인 예로 사람, 개, 고래 등의 팔에서 발견되는 뼈의 규칙성이다. 이들은 공통으로 손가락 및 손목뼈 – 뼈 두개(요골과 척골) – 뼈 하나(상완골)로 이어진다. 상동기관은 진화의 증거 중 하나이다. 행동 유사성 behavior homology은 상동기관과 유사하게 서로 공통 조상으로 유래한 서로 다른 종 간의 유사한 행동 패턴을 의미한다. 이러한 유사성은 종의 분화가 가까운 과거에 일어났을수록 더 커진다. 상사기관 analogous organ은 유연관계가 먼 종들끼리 표면적으로 유사한 기관을 가지고 있는 것을 의미한다. 대표적인 예로 잠자리의 날개, 조류의 날개, 박쥐의 날개가 있다. 이들은 같은 자연선택을 겪으면서 표면적으로 유사한 기관을 가지게 된 것이다. 이들은 상동 진화 convergent evolution의 증거이다.

[더 알아가기] 교잡과 종의 분화: 새로운 바다이구아나 종의 분화와 이를 억제하는 교잡
"Hybridization masks speciation in the evolutionary history of the Galápagos marine iguana"

세계의 진화학자들이 갈라파고스 제도에 주목하는 이유는 갈라파고스 제도의 독특한 생태계 때문이기도 하지만, 무엇보다도 갈라파고스 제도는 진화를 관찰하기 좋은 조건을 가지고 있기 때문이다. 갈라파고스 제도는 대륙과 멀리 떨어져 있어서 대륙으로부터 생물들의 유입이 거의 일어나지 않고, 진화의 과정을 대륙보다 단순화하여 살펴볼 수 있다. 이러한 이유로 진화생물학자는 갈라파고스 제도를 진화생물학의 실험실이라고 부른다.

    바다이구아나는 진화생물학자들의 주요 연구대상이다. 기존의 계통학적 phylogenetic인 분석방법에 의하면 갈라파고스의 여러 섬에 걸쳐서 서식하는 바다이구아나들은 모두 하나의 종으로 분류가 된다. 하지만 10개가 넘는 갈라파고스섬들에 분리되어 생활하는 바다이구아나들이 어떻게 다윈의 핀치들처럼 적응방산 adaptive radiation에 의해 서로 다른 종으로 분화되지 않았을까? 그 이유를 알기 위해 진

화생물학자들은 바다이구아나의 교잡 hybridization과 종 분화 speciation 현상 사이의 상호작용을 연구했다. 그 유전학적 연구에 따르면 바다이구아나가 멀리서는 하나의 종으로 보이는 이유는 빈번한 교잡으로 미세한 종 분화가 가려졌기 때문이라고 한다 MacLeod et al., 2015.

새로운 종이 만들어지기 위해서는 서로 다른 개체군 간의 유전자 흐름이 멈추어야 한다. 종 분화 과정에 있는 개체군이라고 해도 유전자 흐름이 계속해서 있다면, 개체군이 가진 독특한 유전적 정보가 다른 개체군으로 퍼지게 되고, 다른 개체군의 독특한 유전적 정보가 자신의 개체군에 들어오게 되어 결국 종 분화에 실패하여 다시 하나의 종으로 합쳐질 수 있다. 이 때문에 서로 다른 개체군의 유전정보를 섞게 되는 교잡은 종의 분화를 더디게 하거나 일어나지 않게 할 수 있다. 연구자들은 바다이구아나들이 어렵지 않게 섬과 섬 사이를 헤엄쳐서 이동할 수 있기 때문에, 교잡이 상시로 일어날 수 있다는 사실을 알게 되었다. 하지만 산크리스토발섬 같은 경우는 신기하게 바다이구아나 개체군이 하나가 아닌 섬의 남쪽과 섬의 북쪽의 두 개체군으로 나뉘어 있었다. 북쪽과 남쪽 개체군끼리는 서로 짝짓기를 하지 않았고, 연구자들은 이들이 종 분화 과정을 겪고 있음을 결론내릴 수 있었다. 하지만 연구자들은 두 개체군 모두 산타페, 에스파뇰라 그리고 산타크루즈 등의 다른 섬에서 헤엄쳐서 온 바다이구아나들과 교접하는 것을 목격할 수 있었다. 따라서 연구자들은 산크리스토발섬의 두 집단이 종 분화 과정을 겪고 있지만, 동시에 다른 섬에서 오는 바다이구아나들과 교접을 하고 있어서 새로운 종이 잘 만들어지지 않고 있다는 결론을 내렸다. 실제로 바다이구아나의 유전체 게놈, genome에서 돌연변이가 많이 발생하는 고변이성 마커 microsatellite marker들을 분석하여 각 섬에서 온 바다이구아나가 서로 얼마나 가까운지를 분석한 결과, 깔끔한 나무 모양의 가지가 아닌 서로 교잡을 통해 연결된 그물 모양의 관계도가 얻어졌다.

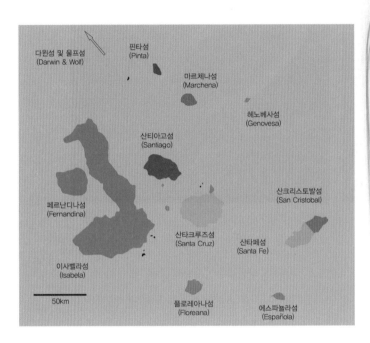

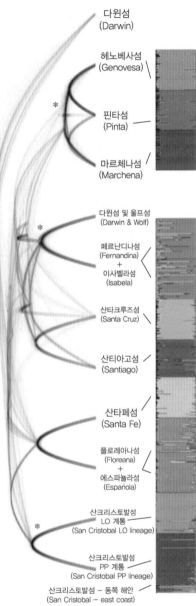

거의 모든 갈라파고스섬에 서식 중인 바다이구아나. 서로 다른 섬에 사는 바다이구아나가 서로 얼마나 가까운지 계산하여 그래프로 그린 결과, 나뭇가지 모양이 아닌 그물 모양의 관계도가 얻어졌다. 이러한 그물 모양의 관계도는 각 섬의 바다이구아나 개체군 사이에 교잡을 통한 유전자의 흐름이 빈번하게 있다는 사실을 보여준다. 또한 교잡을 통해 만들어진 잡종(hybrids)이 상당히 많은 것을 색깔을 통해 알 수 있다. 예를 들어 페르난디나와 이사벨라섬의 바다이구아나들은 산타크루즈섬에서 헤엄쳐온 바다이구아나들과의 교접의 결과로 산타크루즈섬에 살고 있는 바다이구아나들의 유전자를 많이 가지고 있다(청록색 사이에 산타크루즈섬의 초록색이 많이 있다).*

---

* 출처 : MacLeod et al., 2015.

파란발부비

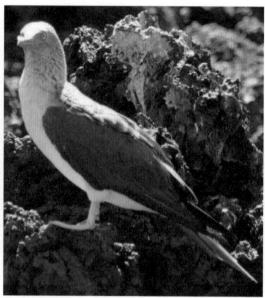

이사벨라섬 근처의 라스틴토레라스 탐사에서 돌아오면서 만난 파란발부비

우리는 돌아오면서 갈라파고스 제도의 간판이라 할 수 있는 새들을 보았다. 부비 Booby라는 이름은 우스꽝스럽게 걷는 모습 때문에 붙여졌다. 파란 발을 가졌다고 해서 '파란발부비 Blue-Footed Booby'라고 불린다. 덩치가 작아서 나무 위에 앉을 수 있는 붉은발부비 Red-Footed Booby와 비교했을 때, 파란발부비는 덩치가 붉은발부비보다 더 크다.

파란발부비는 왜 파란색 발을 가지게 되었을까? 조류 중에서 파란 발을 가진 새는 흔하지 않다. 파란발부비가 즐겨 먹는 먹이의 식물색소의 일종인 카로티노이드 carotinoid 때문이다 Velando et al., 2006. 파란발부비의 발은 어렸을 때부터 파란색을 띠지 않는다. 어렸을 때 발은 갈색이나 성장하며 옅은 파란색을 띠게 되고, 점점 예쁜 파란색이 된다. 섭취한 먹이에서 얻은 카로티노이드 색소가 발에 모여 발이 파랗게 된다. 멕시코 UNAM 국립대학의 록사나 토레스 Roxana Torres 교수 연구팀은 파란발부비의 파란색 발이 카로티노이드 색소 때문이며, 밝은 파란색 발을 가질수록 면역 시스템이 활발하다는 연구결과를 밝혔다. 연구팀은 밝은 파란색의 발을 가진 파란발부비에게 음식을 48시간 동안 주지 않았더니 발의 색깔이 어두운 파란색으로 바뀌었음을 관찰하고, 파란발부비 발의 파란색의 밝기는 파란발부비의 영양 상태를 나타내는 기능을 한다고 주장하였다 Velando et al., 2006.

본래 카로티노이드 색소는 부비들의 항산화 작용과 면역 작용을 향상하는 곳에 사용된다. 파란발부비는 카로티노이드 색소를 항산화 작용과 면역 작용 향상에 사용하지 않고 발의 색깔에 집중시킨다. 다시 말해서, 색소를 파란 발에 사용하지 않은 파란발부비는 면역 작용이나 항산화 작용이 떨어질 수 있다. 색소를 파란 발에 사용하지 않은 부비가 파란색을 띠는 부비보다 더 면역 작용이나 항산화 작용이 뛰어나다면, 그 부비가 살아남기에 유리할 것이다. 그런데 이 세상에는 파란색 발을 띠지 않는 파란발부비가 보이지 않는다. 이 의문점에 대한 답변은 성선택이다. 우리가 파란색 발의 부비가 아름답다고 생각하는 것처럼 암컷도 파란색 발을 가진 수컷 부비가 아름다워서 선호하는 것이다. 암컷 부비는 파란색이 뚜렷하여 신체적으로 아름다운 수컷 부비를 선택한다. 암컷의 선택받은 파란발부비는 자손을 남긴다. 그러나 파란색을 띠지 않는 발을 가진 부비는 더 건강하더라도 암컷의 선택을 받지 못하면 자손을 남길 수 없다. 자손이 없다는 것은 유전적인 죽음을 의미한다. 결과적으로 파란색을 띠는 아름다운 부비가 자손을 남길 수 있고, 유전적으로 생존할 수 있었다. 카로티노이드 색소를 발에 집중시켜 아름다움을 뽐내는 부비가 최후의 승자가 될 수 있었다.

자연 세계에서 아름다움이 항상 환경에 대한 적합성을 나타내지 않는다. 공작새는 암컷을 매혹하기 위해 날개의 아름다움을 높이는 방향으로 진화했지만, 날개가 아름다워질수록 잘 날지 못하게 되었다. 방망이날개무희새 Club winged manakin도 아름다움을 위해서 환경에 대한 적합성을 포기한 사례 중 하나이다 Prum, 2017. 뼈의 밀도가 높고 날개가 짧아서 잘 날지 못한다. 무희새는 암컷에게 구애하기 위해 구애의 춤을 평생 연습하는데, 밀도가 높은 날개 뼈를 공명시켜 독특한 소리를 내어 암컷의 관심을 끈다. 하지만 밀도가 높은 날개 뼈는 수컷 방망이날개무희새가 장시간 날 수 없게 만들었다.

갈라파고스 펭귄

차가운 바닷물에서 수영을 마치고 휴식을 취하고 있는 갈라파고스 펭귄. 태양을 등지고 양 날개를 활짝 펼쳐 깃털을 말리고 있다.

우리는 펭귄을 들으면 곧바로 남극을 떠올린다. 적도에 펭귄이 있다고 한다면 믿겠는가? 갈라파고스 펭귄 *Spheniscus mendiculus*은 적도에 존재하는 유일한 펭귄이다. 갈라파고스 펭귄은 평균 크기가 49cm로 호주의 작은 펭귄 *Eudyptula minor, 43cm*에 이어서 세계에서 두 번째로 작은 펭귄이다. 남극에 있던 펭귄이 한류인 페루 해류를 타고 적도에 있는 갈라파고스 제도에 도착했다고 알려져 있다. 지구상에서 가장 춥다는 남극에서 적도로 이주한 펭귄이 적도 환경에 적응하기 전까지 어떤 어려움이 있었을까? 이 물음은 남극에서 온 펭귄이 적도에서 살아남기 위해서 이겨내야 하는 문제들과 관련되어 있다. 지금까지의 많은 연구 결과에 따르면 서로 다른 환경에 있는 생명체들은 유연관계가 가깝더라도 서로 다른 행동이나 생리적 차이를 보인다고 알려져 있다 Smyth and Bartholomew 1966a; Schmidt-Nielsen et al., 1956. 갈라파고스 펭귄도 적도의 환경에 적응하면서 남극 펭귄들과 상당한 차이를 보일 것이다 Boersma, 1975.

갈라파고스 펭귄에게 주어진 가장 큰 문제는 기후의 차이이다. 적도의 기온은 섭씨 40°C가 넘고 수온은 섭씨 15°C에서 28°C 사이이다. 펭귄은 지구상에서 가장 혹독한 추위와 싸워야 하는 곳에서 더위와 싸워야 되는 곳으로 이주했다. 남극에서 추위를 이겨내기 위해 축적한 지방과 보온효과가 있는 털은 적도에서 오히려 생존을 방해했었을 것이다.

모든 조류는 체온이 높을 때 열을 분산하기 위해 쉭쉭 거리며 뿜어낸다. 새들에게는 단열로 과도한 열의 출입 막는 것보다 숨을 쉭쉭 내쉬며 열을 분산하는 것이 더 효과적이라고 한다. 펭귄도 예외가 아니다. 무더운 날씨에서 체온을 낮추기 위해 숨을 헐떡인다. 펭귄은 체온이 높을수록 1분당 숨을 헐떡이는 횟수가 증가한다. 날씨가 너무 더워서 펭귄이 숨을 헐떡이는 것으로도 체온을 낮출 수 없는 예도 있다고 한다. 그 예로 산란기에 한 쌍의 펭귄이 알 2개를 낳았는데, 날씨가 너무 더워서 체온조절을 못 하자 둥지를 만들지 않고, 8시간 정도가 지난 후 알을 그대로 놓고 왔다고 한다. 그 알들은 무더운 날씨 속에 새로운 생명의 탄생으로 이어지지 않고 죽었다. 이후 그 한 쌍의 펭귄은 저녁이 되어 햇빛이 약해졌을 때, 다시 알을 낳고 둥지를 만들었다고 한다.

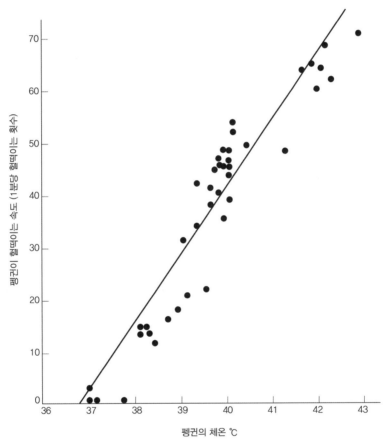

갈라파고스 펭귄(*Spheniscus mendiculus*)의 체온과 펭귄이 헐떡이는 속도의 관계.* 적도에 위치해 매우 강렬한 햇빛이 내려쬐는 갈라파고스에서는 햇빛 아래서 오랜 시간을 버티기 힘들다. 갈라파고스 펭귄들도 마찬가지이다. 이들은 더위를 피해 많은 시간을 차가운 바닷물 속에서 보내지만, 둥지에서 알을 품기 위해서는 강한 햇빛 아래에서 오랜 시간을 버틸 수 있어야만 한다. 강한 햇볕 아래서 체온이 올라가게 되면, 펭귄은 헐떡임으로써 내부의 열을 바깥으로 내보낸다.

* 출처 : Boersma, 1975.

더운 날씨에 숨을 헐떡이며 열을 방출하고 있는 갈라파고스 펭귄

갈라파고스 제도의 펭귄이 남극에 있는 펭권보다 작아진 것도 갈라파고스 제도의 환경에 적응하면서 생긴 변화라고 한다. 남극과 달리 먹이가 풍부한 갈라파고스 제도에서는 지방을 많이 저장할 필요가 없어서 펭귄이 작아졌다. 펭권은 사냥하거나 날씨가 더울 때 체온을 낮추기 위해서 바닷속으로 들어가기도 한다. 스노클링을 하면서 종종 수영하는 펭귄의 모습을 관찰할 수 있다.

다음으로 펭귄이 적도에서 생존하기 위해서는 엘니뇨에 의해 나타나는 급격한 기후 변화에 대응할 수 있어야 한다. 엘니뇨가 나타나면 바다의 수온이 현저히 상승하기 때문에 먹이 양의 변화가 크다. 또한 수온이 펭귄 새끼의 생존율에 영향을 미치기 때문에 기후 변화에 적응하는 일은 펭귄에게 커다란 도전이다. 갈라파고스 펭귄은 1987년 엘니뇨 이후로 개체 수가 급격히 줄었다고 한다. 이어서 갈라파고스 펭귄을 위협하는 또 다른 존재는 남극에는 없었지만, 적도에서는 펭귄을 괴롭힐 수 있는 질환이나 전염병이다. 이처럼 남극과 다른 환경인 갈라파고스 제도에서 펭귄이 생존할 수 있었던 것은 끊임없는 적응의 결과이다.

갈라파고스 바다사자

바다 생태계를 살펴보기 위해 작은 간이 버스를 타고 콩챠 드 페라 Concha de Perla로 이동했다. 콩챠 드 페라에 도착했을 때, 가장 먼저 눈에 들어온 것은 맹그로브와 맹그로브가 만들어낸 그늘에서 쉬고 있는 갈라파고스 바다사자 Galápagos sea lion, Zalophus wollebaeki이다. 우리나라의 교외에서 쉽게 볼 수 있는 진돗개처럼 갈라파고스 제도에는 바다사자가 인도에 덩그러니 누워 있다. 사람이 분주하게 이동을 해도 바다사자는 거리낌이라고는 하나도 없었다. 심지어 몇몇 바다사자는 길 한가운데에 덩그러니 누워 있어 지나갈 때 밟지 않을까 조심히 살펴보면서 피해가야 했다. 갈라파고스 바다사자는 매우 사회적인 동물이어서 무리를 지어 바다 근처의 모래

해안이나 바위에서 일광욕을 즐긴다고 한다. 갈라파고스 바다사자는 호기심도 많고 장난을 좋아해서 바닷속에서 사람들이 스노클링을 할 때 따라다니기도 한다.

갈라파고스 새끼 바다사자. 새끼에게 위협을 주는 존재로부터 멀리 떨어진 라스틴토라스섬의 안쪽에서 새끼 바다사자가 평온하게 휴식을 취하고 있다.

1   갈라파고스 바다사자. 바다사자가 여유롭게 모래사장에 누워서 한가롭게 잠을 자고 있다.

2   고양이만큼 잘 발달한 바다사자의 수염은 물고기 사냥에 중요한 도구이다. 바닷속은 혼탁하므로 빠르게 움직이는 물고기를 잡기 위해서는 시각만큼 촉각에도 의존하게 된다.

3, 4 라스틴토레라스섬 근처에서 바다사자가 복어 주변을 뱅뱅 돌며 장난기 있게 노는 모습

바다사자의 천적이 없는 갈라파고스는 바다사자의 천국이다. 이들은 먹이와 서식환경이 좋아서 새끼에게 3년 동안 젖을 먹이고 젖을 먹이는 도중에도 새끼를 또 낳아 형제가 같이 젖을 먹는 일도 있다고 한다. 성숙한 바다사자는 1.5~2.5m의 크기에 100~250kg의 무게를 가지게 된다. 갈라파고스 바다사자는 바다사자 중에서 제일 작은 편에 속한다. 갈라파고스 제도의 기후가 바다사자가 일반적으로 서식하는 추운 기후보다 훨씬 더워서 몸의 열을 효과적으로 방출하기 위해 몸이 작아진 것 같다. 갈라파고스 바다사자는 작은 물고기를 먹으면서 매우 효율적으로 사냥을 하며 사냥하지 않을 때는 많은 시간을 휴식하면서 보낸다. 갈라파고스 바다사자는 현재 멸종 위기종으로, 갈라파고스 제도에서 20,000~50,000개체 정도 서식하는 것으로 추정된다. 1982~1983년과 1997~1998년의 강력한 엘니뇨에 의해 개체 수가 1980년에 비해서 2000년도에 약 1/3으로 줄었으며, 현재도 수산업에 의해 피해를 입는 등의 문제로 개체 수가 늘어나지 않고 있다.

		물개(바다사자) (영어: eared seal)	물범(바다표범) (영어: earless seal)
과(Family)		물개과(Otariidae)	물범과(Phocidae)
외형상의 차이점	귀(외이)	귀가 있어 소리로 쉽게 의사소통할 수 있다.	귓구멍은 있지만 밖에 노출된 귀가 없다.
	생식기	외부에 그대로 노출되어 있다.	모두 내부에 숨겨져 있다. 수영 중에는 젖꼭지도 내부로 숨길 수 있다.
	몸의 형태	기다랗고 얇은 몸을 가지고 있어 유연하게 몸을 구부릴 수 있다.	목이 짧고 허리가 통통해 몸의 형태가 유선형에 매우 가깝다.
수상에서의 이동능력		몸이 유연해 빠르게 수영하면서도 기다란 앞발로 방향 전환을 효과적으로 할 수 있다.	유선형 몸의 형태가 물의 저항을 최소화하기 때문에 장거리를 힘을 적게 들이면서 수영할 수 있다.
육지에서 이동하는 방식		뒷발을 앞으로 접어 네 개의 다리로 걸어다닐 수 있다.	지느러미와 같은 역할을 하는 뒷발이 접히지 않아 앞발만을 사용해 기어간다. 얼음 위에서는 썰매처럼 미끄러지는 듯이 이동한다.

바다사자와 바다표범의 차이. 바다표범은 장거리 수영에 효과적인 유선형의 몸을 가졌지만, 바다사자는 순간적으로 방향 전환을 하며 먹이사냥을 할 수 있는 몸을 가졌다. 바다사자는 장거리 수영에 적합하지 않은 몸을 가졌기 때문에 항상 용승작용이 일어나 먹이가 풍부한 지역 근처에만 서식한다.

바다사자와 물범은 같은 조상으로부터 유래하여 다른 종으로 분화했다. 물범과 바다사자는 분류학적으로로 가까워서 비슷한 특징을 많이 가지고 있지만, 엄밀히 차이가 있다. 먼저 바다사자는 물범보다 몸집이 큰 편이다. 다음으로, 바다사자는 귀가 외관에 뚜렷하게 발달해 있고, 물범은 외관상으로 뚜렷한 귀가 없다. 또한 바다사자는 목이 길고 물속에서 고개를 돌릴 수 있지만, 물범은 목이 짧아 고개를 돌릴 수 없다. 바다사자는 뒷발이 발달해서 뒷발로 앞을 향해 걸어갈 수 있지만, 물범은 뒷발이 발달해 있지 않아서 걸어갈 수 없다. 바다사자와 물범이서로 다른 특징을 가지게 된 요인이 무엇인지 궁금해졌다. 어떤 환경의 차이가 바다사자와 물범이 서로 다르게 진화할 수 있도록 작용했을지 의문점이 생겼다.

[더 알아가기] 먹이 경쟁에 의한 갈라파고스 바다사자의 종 분화

"Tracing early stages of species differentiation: Ecological, morphological and genetic divergence of Galápagos sea lion populations"

갈라파고스 바다사자는 갈라파고스 제도에서 먹이 피라미드의 최정점에 있고 외부로의 이주가 적어서 유전연구를 하기에 적합하다. 바다사자로부터 종 분화 과정의 비밀을 추측할 수 있었다. 한 연구에서는 갈라파고스 바다사자의 종 분화를 생태계적, 형태학적, 유전적 관점으로 추적하였다 Wolf et al., 2008. 갈라파고스 바다사자는 비교적 덩치가 커서 갈라파고스 바다를 자유롭게 이동할 수 있다. 본 연구의 결과는 지리적 장벽이 있어야 종 분화가 일어난다는 기존의 학설과 달리, 자유롭게 이동을 할 수 있더라도 같은 종 간 또는 다른 종 간의 먹이 경쟁 때문에 종 분화가 일어날 수 있음을 암시한다. 연구팀은 갈라파고스 제도의 서쪽 섬과 중앙 섬의 바다사자들의 생태학적, 형태학적, 유전적 차이를 분석했다. 서쪽에 독점적으로 서식하는 갈라파고스 갈색물개 Galápagos fur seal, Arctocephalus galapagoensis와의 먹이 경쟁을 피해서 다른 먹이를 섭취할 수 있도록 서쪽 섬 바다사자들에 생긴 생태학적, 형태학적, 유전적 차이를 확인할 수 있었다.

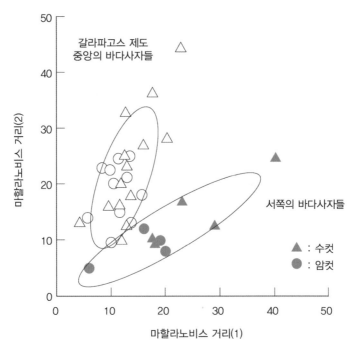

뛰어난 수영 능력을 가진 갈라파고스 바다사자(*Zalophus wollebaek*)는 섬과 섬 사이를 효과적으로 이동할 수 있고, 갈라파고스 제도에 살고 있는 바다사자들은 모두 하나의 종으로 간주되고 있다. 2008년에 한 연구자들은 갈라파고스 바다사자들이 갈라파고스 제도의 섬마다 다른 다양한 환경에 어떻게 적응을 했는지 알아보았다. 그 결과, 갈라파고스 제도 서쪽의 바다사자들과 중앙의 바다사자들이 다른 먹이를 먹고 있고, 머리뼈와 턱뼈의 구조가 진화하고 있다는 사실이 밝혀졌다. 바다사자의 머리뼈와 턱뼈에서 바다사자의 먹이 활동과 관련되어 있는 수치들을 측정되었고, 이 수치들로 부터 바다사자들 간의 마할라노비스 거리(Mahalanobis distance)가 계산되었다. 계산된 거리들에 의해 서쪽의 바다사자들과 중앙의 바다사자들이 깔끔하게 구분되는 것을 확인할 수 있다.*

---

* 출처 : Wolf et al., 2008.

Chapter 3

생태보전

생태보전

거대 거북 보존 프로젝트

캠포 듀로와 거대 거북 보존 프로젝트

갈라파고스 제도의 이사벨라 Isabela 섬에 있는 캠포 듀로 Campo Duro는 갈라파고스 거대 거북을 보호한다. 우리는 이곳에서 이틀 동안 지내면서 거대 거북을 어떻게 보호하는지

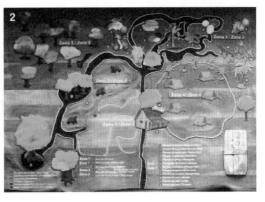

1   캠포 듀로에서 세워져 있는 표지판. 거대 거북을 보호하고 보존한다는 의미가 담겨 있다.

2   캠프 듀로 지도

1 거대 거북은 캠포 듀로 안쪽에 있었는데 가까이서 거북을 관찰할 수 있었고 이곳에 있는 거대 거북의 야생성을 유지하기 위해 주인 부부가 하는 노력에 대해 전해들을 수 있었다. 단순히 안전하게 보호하는 것이 아닌 거북이 야생으로 돌아갈 때 독립적으로 생존할 수 있도록 알맞게 환경을 조성한 것이 인상적이었다.

2 캠포 듀로에서 휴식을 취하고 있는 거대 거북. 캠포 듀로는 번식센터에서 받은 새끼 거대 거북들이 수년 뒤 성인이 되어 번식센터에서 일을 할 수 있을 때까지 안전하게 보호하며 키우는 역할을 하고 있다.

3 캠포 듀로에서 먹이를 먹는 거대 거북. 아직 어린 거대 거북은 부드럽고 즙이 많은 줄기를 먹는 것을 좋아한다.

4 캠포 듀로에서 이틀간 지낸 텐트이다. 밤에는 빛도 불도 없어서 하늘에 별이 엄청 많고 잘 보였다.

지켜볼 수 있었다. 캠포 듀로에서 갈라파고스 거대 거북에 대한 설명을 듣고 거대 거북 보전활동에 일손을 보태기 위해 봉사활동을 했다. 사람들이 거대 거북 보존을 위해서 하는 일은 거대 거북의 건강을 수시로 확인하며 개체 수를 늘려가는 것뿐이라고 생각했었다. 그러나 실제로 거대 거북을 보호하는 일은 그리 쉽지만은 않았다. 거대 거북이 잘 자랄 수 있도록 거대 거북을 지켜보는 일뿐만 아니라 거대 거북이 서식지를 야생에 가깝도록 꾸준히 관리해야 한다. 우리는 거대 거북이 원래 살던 야생에 가까운 환경을 만들어주는 봉사활동을 했다. 거대 거북의 보호도 중요하지만, 거대 거북이 원래 생활하던 서식지와 유사한 환경을 만들어주는 것도 중요하다. '거대 거북을 보존하기 위해서는 많은 것들을 고려해야 하고 섬세한 손길이 필요하구나'라는 생각이 자연스레 들었다. 화산의 남동쪽 경사면에서 먹이를 찾아 이주를 해야만 하는 야생의 이사벨라섬의 거대 거북에 비해, 캠포 듀로에서 보호받는 거대 거북은 먹이를 쉽게 구할 수 있다. 야생에 서식하는 거대 거북은 거친 화산암을 넘나들면서 발톱이 닳고 점차 짧아진다. 반대로 캠포 듀로에서 보호받는 거대 거북은 완만한 지형에서 자라기 때문에 발톱이 닳아지지 않는다. 캠포 듀로의 거대 거북은 야생에 서식하는 거대 거북보다 발톱이 더 길다. 먼저 우리는 원래 거대 거북이 살던 서식지 환경을 조성하기 위해 캠포 듀로에 있는 돌을 연못으로 옮겼다. 거대 거북이 연못에 들어가서 헤엄칠 때마다 연못 앞에 모인 돌은 거대 거북의 발톱을 짧게 만든다. 이 외에도 서식지에 흩어져 있는 큰 나뭇가지를 한곳으로 모았다. 거대 거북이 돌아다닐 때 흩어져 있는 큰 나뭇가지는 거대 거북 배를 찌를 수 있어서 거대 거북에게 위협적이다. 우리는 거대 거북이 다치지 않고 돌아다닐 수 있다는 즐거운 상상을 하면서 나뭇가지를 모았다.

한편, 우리는 캠프 듀오에 설치된 텐트에서 이틀 동안 지내면서 몇 가지의 어려움이 있었다.

물과 전기가 원활히 공급되지 않아서 아껴 써야 했다. 해가 지는 7시 근처가 되면 온 세상이 암흑으로 깔렸다. 몇몇은 밤에 유일하게 불빛을 찾을 수 있는 주방에 모여 이야기를 나눴다. 또 캠프 듀오는 이사벨라섬에 있는 마을과 멀리 떨어져 있어서 무선통신망이 닿지 않았다.

'휴대전화를 사용할 수 없다니!'

캠포 듀로에 들어온 첫날 모든 이가 놀랐다. 갈라파고스 제도에 들어오기 전, 우리는 여기저기서 들리는 전화통화 소리로 시끄럽고 와이파이로 가득한 세상에 있었다. 우리는 이제 빛도 전화 소리도 들리지 않고 외부와 완전히 차단된 낯선 곳에 있었다. 처음에는 불안감도 있었지만, 시간이 흘러 전자기기와 무선통신망에 목이 마른 우리들의 모습을 보고 스스로 부끄러워졌다. 우리는 이제 주변보다도 우리 자신에 집중했다. 한국에서 끊임없이 지인과 연락을 주고받으며 지나간 시간을 돌이켜보면 우리는 자신에게 집중하는 혼자만의 시간을 과연 얼마나 가졌었는지에 대해 생각해보게 되었다. 몇몇은 갈라파고스 제도에서만 맛볼 수 있는 맑은 공기에 감탄하며, 몇몇은 은하수가 보이는 갈라파고스 제도의 밤하늘을 바라보며, 몇몇은 자신을 되살피며 다음 아침을 기다렸다.

이사벨라섬 거북 번식센터

우리는 이사벨라섬 거대 거북 번식센터 Isabela Island's Tortoise Breeding Center를 방문하였다. 정부 기관인 갈라파고스 국립공원은 인간에 의해 줄어든 거대 거북의 수를 늘리기 위해 사육센터를 설립하였다. 이사벨라섬 거대 거북 번식센터에서는 이사벨라섬에 있는 거대 거북 2종 Species from Volcan Cerro Azul, Volcan Sierra Negra을 보존한다. 사육센터는 거대 거북의 수를 늘리기 위해 20살이 넘는 성체를 사육하면서 번식을 잘할 수 있는 환경을 만들어준다. 거대 거북은 20살이 넘을 때부터 번식할 수 있다. 사육센터는 거대 거북 성체에 일주일에 3번씩 먹이를 주는데, 우리가 방문한 날이 먹이를 주는 날이어서 거대 거북이 들떠 있었다. 거대 거북은 느리지만 씩씩하게 움직였다.

1 이사벨라섬 거대 거북 번식센터의 설립을 지원한 기금에 대한 소개 팻말. 이사벨라섬 거대 거북 번식센터는 에콰도르 정부뿐만 아니라 유네스코를 포함한 세계 여러 나라의 단체로부터 경제적인 지원을 받아 만들어졌다.

2 이사벨라섬 거대 거북 번식센터에서 보호 중인 성인 거대 거북. 거대 거북 번식센터에서 성인 거대 거북들은 짝짓기를 통해 알을 낳게 되는데, 이 알을 부화기로 조심스럽게 옮겨 자립할 수 있을 때까지 키운 뒤 방목한다.

3 갓 태어난 새끼 거대 거북. 특수한 사육장치 안에서 보호 중이다. 불개미의 공격으로부터 새끼 거북들이 비교적 안전하도록 지면에서 높은 곳에 위치되어 있고, 밤에는 뚜껑이 덮여 거북이들을 쥐의 공격으로부터 보호한다.

4 번식에 성공하여 보호 중인 새끼 갈라파고스 거대 거북

이 씩씩해 보이는 거대 거북의 생존을 위협하는 요인은 인간이다. 먼저, 한때 거대 거북은 활발한 해양 생태계 때문에 갈라파고스 제도에 자주 출몰하는 고래를 잡기 위한 고래잡이배 선원들이나 해적들의 주된 식량이었으며, 이는 여러 거대 거북종들이 멸종 또는 멸종 위기에 처하게 만들었다. 약 20만 마리의 거대 거북이 이렇게 사냥되어 사라졌다고 추정된다. 거대 거북은 물과 음식 없이 2년을 버틸 수 있었기 때문에 선원들의 식량으로 적합했다. 1800년대에 갈라파고스 제도로 이주하기 시작한 정착민들은 음식을 위해 거북을 사냥하고, 가축들을 풀어놓으며, 울타리를 설치하면서 거대 거북의 생존을 위협하고 거대 거북의 서식지를 파괴하였다. 당시에는 거대 거북을 먹으면 몸이 건강해진다는 미신이 있었다고 한다. 비교적 최근까지도 이사벨라섬의 거대 거북들은 밀렵꾼들과 외부에서 온 어업에서 종사

하는 사람들, 거주민들에 의해 사냥되었다. 1990년대 초 이러한 밀렵활동은 극에 달해 이사벨라섬의 거대 거북들, 특히 시에라네그라산의 거대 거북은 거의 멸종 위기에 처하게 되었고 Cayot and Lewis, 1994, 이사벨라섬의 거대 거북을 멸종 위기로부터 보호하기 위해 1994년 이사벨라섬의 거대 거북 보존센터가 완공되게 되었다. 다음으로, 인간에 의해 갈라파고스 제도에 유입된 외래종에 의한 위협이다. 쥐는 거대 거북의 알을 먹이로 한다. 또 정착민이 버려서 떠도는 소, 염소, 당나귀는 거대 거북과 먹이를 놓고 경쟁을 한다. 특히 야생 염소는 거대 거북이 먹을 수 있는 대부분의 식물들을 다 먹어치우며, 거대 거북과 달리 뛰어난 번식력을 가져 짧은 시간 안에 수가 기하급수적으로 많아질 수 있다. 이 때문에 염소는 거대 거북의 생존을 위협하는 가장 위험한 외래종 중 하나이다. 물론 고유종인 갈라파고스 매 Galápagos Hawk도 거대 거북의 알과 새끼를 먹어서 위협 요인이지만, 이보다는 인간이 거대 거북에게 주는 위협이 압도적으로 크다고 한다.

1 이사벨라섬 거대 거북 번식센터에서 먹이를 먹고 있는 새끼 거대 거북
2 거대 거북이 먹는 먹이. 거대 거북이 건강하게 자랄 수 있도록 당분이 많은 과일은 피하고 식물의 줄기를 먹이로 준다.

이사벨라 거대 거북 번식센터에서는 번식센터에서 사육되는 암컷 거대 거북이 땅을 파고 둥지를 만들고 알을 낳으면, 조심스럽게 둥지를 파낸 후 알의 윗부분에 X 표시를 하고, 이 X 표시를 한 부분이 계속 위를 향할 수 있도록 주의해서 알을 번식센터 내의 부화기 incubator로 옮기게 된다. 둥지에서 알이 놓여 있던 모습과 부화기 내에서 놓여 있는 모습이 다르면 알의 부화에 문제가 생길 수 있다고 한다. 알을 부화기 안에서 부화시키는 이유는 외래종인 검은쥐와 같이 갈라파고스 거대 거북의 알을 노리는 생물이 야생에서는 많기 때문이다. 갓 태어난 새끼 거북은 아직 난황주머니 yolk sac를 달고 있다. 태어난 새끼 거대 거북들은 어두운 상자 속에서 30일 동안 난황주머니에 남아 있는 영양분을 섭취하게 된다. 이 단계는 새끼 거대 거북이 부화하고 나서 자신이 묻힌 땅에서부터 탈출하는 과정을 재현한 것이다. 게다가 거북의 성별은 온도에 의해 결정된다. 섭씨 29℃보다 높은 온도에서는 암컷이 되고, 이보다 낮은 온도에서는 수컷이 된다. 온도에 따라 부화 시간 역시 다르다. 섭씨 28~30℃의 인큐베이션에 있는 거대 거북의 알은 부화하는 데 125~136일이 소요되고, 섭씨 30~32℃ 안에 있는 거대 거북의 알은 90~94일 후에 부화한다. 부화에 성공한 새끼 거대 거북은 인큐베이터에서 처음으로 세상을 마주하고, 사육센터는 새끼 거북이 야생에서 비교적 안전하게 살 수 있게 되는 나이인 5살이 될 때까지 보호한다. 5살이 넘은 거대 거북은 자연으로 방출되어 자연으로 돌아간다.

사육센터는 거대 거북이 부화에 성공하더라도 끊임없이 거대 거북을 지켜보며 관리해야 한다. 한 예로 사육센터가 거대 거북에게 해로운 곤충인 나나니벌을 제거하기 위해 노란색 통을 거대 거북 사육지에 설치하기도 한다. 벌은 노란색에 이끌리기 때문에 거대 거북 사육지 주변에 노란색 통을 설치하면 거대 거북의 피해를 줄일 수 있다. 거대 거북을 보존하기 위해 쏟는 사육센터의 섬세한 노력이 보였다. 지금까지 사육센터에서 부화하여 자연으로 방출된 거대 거북 수만 2,000마리에 달한다. 우리가 방문할 때 사육센터는 69마리의 번식이 가능한 성인 거대 거북을 보호하고 있었다. 이들은 일 년에 250마리가 넘는 새끼 거북들을 낳게 된다. 이사벨라 거대 거북의 복원사업은 매우 성공적이다.

어린 거대 거북이 벌에 쏘일 경우 치명적일 수 있으므로, 이사벨라 거대 거북 번식센터에서는 번식장마다 벌을 유인하는 액체로 채워진 노란색 통이 한두 개씩 놓여 있다.

그러나 거대 거북 보존 프로젝트가 예측한 대로만 진행되었던 것은 아니다. 인간이 갈라파고스 제도의 생태계에 주는 영향은 우리가 예측할 수 없는 방향으로 흘러갈 수 있다. 18세기 및 19세기 고래잡이배와 해적선의 선원들은 사람이 살지 않는 섬에 돼지, 당나귀, 염소들을 풀어놓고, 음식이 필요할 때 잡아서 먹고는 했다. 또한 갈라파고스 거주민이 사육하던 가축들이 탈출하거나 버려져서 야생에서 번식하였다. 이렇게 수십 년 동안 번식하고 있던 야생 가축들이 1980년대와 1990년대의 강력한 엘니뇨에 의해 갈라파고스 제도에 비가 많이 내리자 조절할 수 없는 속도로 수가 늘어나기 시작하였다. 갈라파고스 국립공원은 1978년 에스파뇰라섬에서 야생 염소를 모두 제거하고 멸종 직전의 위기에 처한 에스파뇰라 거대 거북의 보존 프로젝트를 시작했다 Guo, 2006. 2001년, 갈라파고스 국립공원과 찰스 다윈 연구소는 200억에 달하는 대형 프로젝트 '프로젝트 이사벨라 Project Isabela'를 진행하여 이사벨라섬, 산이타고섬, 핀타섬에서 외래종으로 서식하고 있던 총 140,000마리의 야생 염소를 제거하였다 Guo, 2006. 염소의 사냥에 훈련된 사냥견과 염소들을 사냥하고, 불임인 암컷 염소들을 풀어놓거나 헬리콥터에 저격수를 탑승시키는 등 다양한 방식으로 야생 염소를 제거하였다. 갈라파고스 국립공원은 염소의 수가 줄면 갈라파고스 거대 거북이 받는 위협이 줄어서 거대 거북의 보존에 효과적일 것이라 기대했다. 하지만 14만 마리가 넘는 염소의 사체는 갈라파고스 국립공원이 예상하지 못했던 결과를 불러왔다. 갈라파고스 매가 2001～2006년에 염소 제거 프로젝트에 의해 사냥당한 염소의 사체들을 먹어치우며 갈라파고스 개체 수가 급증하자 갈라파고스 매의 주된 사냥감이던 갈라파고스 핀치새와 갈라파고스 라바 도마뱀 Galápagos lava lizard, Microlophus albemarlensis의 개체 수가 급감하였다. 많았던 염소의 사체가 사라지고 나자 본래의 먹이를 다시 찾기 시작한 것이다. 이 소식을 듣고 한 연구팀은 매의 행동을 관찰하고 배변 성분을 분석했다. 이들은 염소의 박멸 이후 갈라파고스 매의 먹이에 변화가 생겼다는 사실을 발견하였다. 염소의 박멸이 일어나기 전에는 외래종 검은 쥐 introduced black rat, Rattus rattus가 배변 성분의 20%만 차지했었는데, 염소의 박멸이 일어난 후 73%로 급증했다. 먹을 것이 없어 이전에는 잘 먹으려고 하지 않던 외래종을 사냥하기 시작한 것이다. 야생 염소 제거프로젝트가 끝난 2006년부터는 지나치게 많아진 갈라파고스 매의 개체 수가 먹이가 없어 꾸준히 줄어들기 시작해 2010년이 되자 원래의 개체 수로 돌아오는 모습을 보여주었다 Rivera-Parra et al., 2012. 생태계에서는 먹이 사슬이 복잡하게 얽혀 있어 인간의 인위적인 행동이 어떠한 결과를 가져올지 예측하는 것이 어려울 수 있다는 사실을 보여주는 예이다.

산타크루즈 엘 차토 보호구역

엘 차토 보호구역 El Chato Tortoise Reserve은 산타크루즈섬의 거대 거북이 서식하는 두 지역 중 하나 La Reserva에 있는 고지대 거대 거북 보호구역으로, 국립공원 바깥의 사유지이다. 갈라파고스 제도에서는 살아 있는 거대 거북 또는 죽은 거

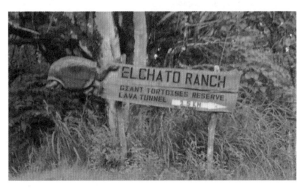

산타크루즈섬 고지대의 엘 차토 거대 거북 보호구역으로 안내하는 표지판

대 거북의 등껍질의 개인 소유가 인정되지 않는다. 산타크루즈섬의 야생 거대 거북이들은 먹이를 찾으러 자유롭게 떠돌아다니다가 엘 차토 보호구역에 잠시 머무르기도 하는데, 우리는 우리가 방문할 당시 머무르던 거북이들을 관찰할 수 있었다. 이 보호구역에서 볼 수 있는 거대 거북들은 저지대 서식지로부터 왔고, 한 개인이 탐방객들이 야생 거북이를 관찰할 수 있도록 시설을 구축했다. 산타크루즈섬에서는 외래종인 불개미가 퍼져 있어 불개미 집을 가끔 볼 수 있다. 엘 차토 보호구역에서 거대 거북을 관찰하다가 실수로 불개미 집을 밟았을 때 신발 안으로 불개미가 들어오는 것을 막기 위해, 우리는 모두 목이 긴 고무장화를 신고 사육센터로 들어갔다.

찰스 다윈 연구소

갈라파고스 제도에는 갈라파고스의 생태계 연구와 보호를 위해 찰스 다윈 연구소 Charles Darwin Research Station와 갈라파고스 국립공원 사무소 Galápagos National Park offices가

찰스 다윈 연구소를 나타내는 팻말

들어섰다. 찰스 다윈 연구소와 갈라파고스 국립공원 사무소는 짧게 걸어갈 수 있는 가까운 거리에 있다. 우리는 두 곳 중 찰스 다윈 연구소를 방문하여 구체적으로 찰스 다윈 연구소에서 어떤 활동이 진행되는지 알아보기로 했다. 현지인 가이드는 "갈라파고스 제도에서 미래 과학자를 꿈꾼다면 반드시 찰스 다윈 연구소를 가봐야죠."라며 방긋 웃음을 지으며 찰스 다윈 연구소를 소개했다.

찰스 다윈 연구소로 가는 길에서 우리를 반겨준 것은 이구아나와 선인장이었다. 우리가 지나가는 길목에 이구아나가 가끔 등장했는데, 이구아나는 길목을 지나다니는 차나 사람들에게 관심조차 주지 않고 도도하게 일광욕을 즐기고 있었다. 지난 여정에서 이구아나들을 자주 지켜본 우리도 이구아나를 담담히 받아들였다. 찰스 다윈 연구소의 입구에서부터 찰스 다윈 연구소 내부까지 가는 길은 20~30분 정도 가볍게 걸을 수 있는 산책길의 느낌이 났다. 마치 우리의 방문을 환영해주는 것처럼 선인장의 꽃이 활짝 피어 있었다. 이뿐만 아니다. 선인장의 잎과 꽃의 사이를 헤집고 열심히 먹이를 찾아다니는 핀치새도 찾을 수 있었다. 찰스 다윈 연구소는 마치 우리가 지금까지 관찰해오던 생명체들을 한곳에 모아놓은 전시회장처럼 느껴졌다. 그러한 연구소의 모습은 우리가 흔히 생각할 수 있는 연구소의 느낌과 차이가 있었다. 우리가 종종 상상하는 연구소의 풍경은 도시 한가운데에서 삼엄하게 경비를 하는 엄숙한 분위기를 내는 모습이 떠오른다. 그러나 찰스 다윈 연구소에서는 삼엄하거나 차갑지 않고 방문객을 진심으로 환영하는 듯한 따뜻한 느낌을 받았다.

찰스 다윈 연구소는 국제 연구소로 에콰도르 현지인과 외국인이 함께 과학 연구나 종 보호 프로젝트를 진행한다. 또, 찰스 다윈 연구소는 갈라파고스 거주민을 대상으로 환경과 생태계 보전을 위한 교육을 진행한다. 2018년 1월 기준으로 1,000명이 넘는 젊은 갈라파고스 거주민이 찰스 다윈 연구소의 체험 학습 프로그램을 거쳤다.

찰스 다윈 연구소의 주요 과제 중 하나는 종 보존 프로젝트다. 특히 찰스 다윈 연구소의 주요 성과로 성공적인 거대 거북 보존 프로젝트가 널리 알려져 있다. 거대 거북 보존을 위해 찰스 다윈 연구소는 번식에 관한 연구뿐만 아니라 그들의 삶과 죽음 전반을 연구하였다. 거대 거북이 어떻게 태어나는지, 무엇을 먹고 어떻게 생활하는지, 어떻게 번식을 하는지 그리고 죽음을 맞이하는 과정까지. 종 보존 프로젝트에 대한 설명을 가이드에게서 듣기 전에는 종의 번식에 초점을 맞추어 프로젝트를 진행하면 되겠다고 생각을 했다. 그러나 현장에서 종 보전 프로젝트가 어떻게 진행되는지 유심히 살펴보니 얼마나 짧은 생각이었는지 부끄러웠다. 종 보전 프로젝트의 연구자는 거대 거북이 최상의 환경에서 생활할 수 있도록 문자 그대로 헌신의 노력을 다하고 있었다.

찰스 다윈 연구소는 지금까지 방사된 모든 거대 거북 새끼들의 수와 제일 최근 방사된 거대 거북 새끼의 수를 적어두어 방문객들이 볼 수 있게 한다. 이 외에도 방문객들은 갈라파고스 생물 다양성 보전활동에 대한 희망의 상징인 외로운 조지 Lonesome George의 박제된 모습을 볼 수 있다. 또한 우리는 지난 40년이 넘는 시간 동안 에스파뇰라섬 거대 거북 보전활동에 큰 공을 세운 거대 거북 디에고 Diego의 모습을 직접 볼 수 있었다. 지금은 자신의 고향인 에스파뇰라섬으로 은퇴하였기 때문에 볼 수 없다.

거대 거북 복원사업

갈라파고스 국립공원과 찰스 다윈 연구소가 지난 40년간 진행해온 갈라파고스 거대 거북 복원사업은 총 7,000마리가 넘는 어린 거대 거북을 방사하였다. 갈라파고스는 오래된 스페인어로 거북을 뜻한다. 갈라파고스 제도의 상징인 거대 거북을 인간의 영향에 의한 멸종으로부터 보호하기 위해 국립공원 레인저들과 연구자들, 갈라파고스 거주민은 힘을 합쳐 이와 같은 대단한 일을 해낼 수 있었다. 다음의 예를 살펴보자. 이사벨라섬의 18살 거대 거북이 '눈물의 절벽 Wall of tears'이라 불리는 절벽 밑으로 떨어져서 등껍질이 깨지고 뒤집힌 채 발견됐다. 거대 거북에게 이보다 더 긴급한 상황은 없다. 거대 거북은 등껍질이 없으면 자신을 보호할 수 없어서 살아남기 어렵다. 껍질이 깨진 마당에 몸이 뒤집혀 움직일 수도 없는 상황이다. 찰스 다윈 연구소는 급히 이 거대 거북을 미국으로 옮겨서 깨진 등껍질을 붙이는 수술을 했다. 수술을 집도한 수의사는 거대 거북의 나이가 어려서 힘든 수술을 이겨낼 수 있었다고 했다.

거대 거북 보존사업의 영웅: 디에고

거대 거북 보존사업 중 성공적인 예로 에스파뇰라섬 Española island 의 거대 거북이 있다. 에스파뇰라섬은 갈라파고스 제도 중에서 남동쪽에 위치한다. 에스파뇰라섬에는 갈라파고스 거대 거북 중 에스파뇰라 갈라파고스 거대 거북 Chelonoidis hoodensis 이라는 종이 서식한다. 1970년에 에스파뇰라섬에는 수컷 2마리와 암컷 12마리밖에 없었다. 그야말로 멸종 위기가 눈앞에 닥쳐 있었다. 이들의 자손이 이어지지 않으면 지구상에 있는 거대 거북의 한 종이 영원히 사라지는 것이었다. 이들이 이렇게 멸종에 가깝게 수가 줄어든 이유는 첫 번째로 에스파뇰라섬은 앞서 말했듯이 제일 오래된 섬으로 높낮이가 없는 거의 평지와 같은 섬이었기 때문이다. 그래서 해적질과 고래잡이가 활발했던 18세기와 19세기 선원들이 쉽게 거북이를 사냥해 옮길 수 있었다. 또한, 다른 종류의 고기를 먹고자 염소들을 방생하였는데, 이도 거북이의 생존을 위협했다. 염소들이 거북의 먹이인 풀을 죄다 먹어버리고 자라나는 선인장을 짓밟아 서식지를 파괴했기 때문이었다.

1976년에 찰스 다윈 연구소는 에스파뇰라에 있는 거대 거북의 한 종을 보존하기 위해 에스파뇰라에 남아 있는 14마리와 미국에서 보호 중이던 수컷 거대 거북인 디에고 Diego 를 찰스 다윈 연구소로 데려와서 보존 프로젝트를 진행하였다. 그 당시 디에고는 1900년 초에 연구를 위해 에스파뇰라섬에서 데려와 미국 샌디에이고 San Diego 동물원에서 보호 중이었다. 캘리포니아 대학은 디에고의 나이를 약 140살로 추정하였다. 디에고는 다시 갈라파고스 제도로 돌아가 종 보존 프로젝트에 참여하게 되었다. 갈라파고스 제도에서 800마리 이상의 자식을 낳은 디에고는 '카사노바'라고 별명이 붙여졌다. 지금까지 40년에 가까운 세월 동안 이 보전사업으로 산타크루즈섬 찰스 다윈 연구소가 있는 곳 에서 키워진 5살의 어느 정도 자란 거북이들이 2,000마리가 넘게 에스파뇰라섬의 중심부 세 군데로 방생되었다. 현재는 종 보존 프로젝트가 성공적으로 진행되어 에스파뇰라섬에 2,000마리의 거대 거북이 있다. 이 보전사업은 과학자들과 지역주민들의 협업으로 멸종이 코앞에 있던 종을 멸종 위기로부터 구해낸 것이라 생물 보전사업의 성공적인 모델로 여겨진다. 이후에도 찰스 다윈 연구소는 다른 섬의 거대 거북들과 맹그로브 핀치새 등 멸종 위기에 처한 동물들을 보존하려는 노력을 계속하고 있다.

[더 알아가기] Demographic Outcomes and Ecosystem Implications of Giant Tortoise Reintroduction to Española Island, Galápagos

에스파뇰라섬의 거대 거북은 멸종 위기에 처해 있었지만, 찰스 다윈 연구소의 거대 거북 보존 프로젝트로 성공적으로 개체 수를 늘릴 수 있었다. 하지만 생태계가 파괴되기 이전의 상태로 돌아오기 위해서는 아직도 도움의 손길이 더 필요하다. 지난 수십 년간 2,000마리의 5살 정도의 새끼 거북들이 에스파뇰라섬의 중심부로 돌려보내졌지만, 아직도 거대 거북들은 섬의 중심부를 벗어나지 못하고 있다. 거대 거북이 멸종 위기에 처하기 전에는 에스파뇰라섬은 풀과 선인장을 제외하고는

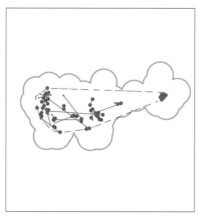 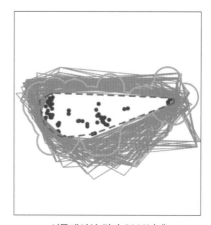

| 2000년과 2003년에
관찰된 거대 거북들의 위치 | 시뮬레이션 결과 2003년에
거대 거북이 차지할 수 있던 지역들 |

에스파뇰라섬에서 2000년에 관측된 거대 거북의 위치와 2003년에 관측된 위치의 변화량을 기반으로 거대 거북의 이동을 시뮬레이션으로 분석한 결과, 거대 거북이 처음 방사된 구역에서 멀리 벗어나지 못하는 이유가 거북이 이동하고 싶어 하지 않기 때문이 아니라 길목이 가로막혀 섬 중앙에서 벗어나지 못하기 때문임을 알게 되었다.*

* 출처 : "Demographic outcomes and ecosystem implications of giant tortoise reintroduction to Española Island, Galápagos" DOI: 10.1371/journal.pone.0110742

복원사업이 진행 중인 에스파뇰라섬에서 흔히 볼 수 있는 오푼티아 선인장 나무(Opuntia)
는 거대 거북과 공생관계를 가진다. 선인장 나무는 거대 거북이 낮의 뜨거운 태양을 피할
수 있게 도와주고, 거북이가 먹을 수 있는 수분이 가득한 선인장 조각을 떨어트린다. 거대
거북은 선인장 나무의 열매를 먹고 씨앗을 퍼트리는 것을 도와준다. 이 때문에 에스파뇰라
섬의 복원사업에서는 외래종 나무들과의 경쟁으로 줄어든 선인장 나무들의 양을 늘리는
것도 중요하다.*

나무가 많지 않았다. 하지만 거대 거북의 수가 급격히 줄고 야생 염소의 수가 급격
히 늘고 나자, 에스파뇰라섬의 식물군에는 큰 변화가 생겼다. 현재 에스파뇰라섬
의 식물군은 나무가 주로 차지하고 있으며 거대 거북과 일종의 공생관계를 가지는
선인장의 수가 줄어들었다. 최근 에스파뇰라섬의 거대 거북 보존 프로젝트를 고찰
한 연구에 따르면 이렇게 바뀐 식생이 거대 거북 보존 프로젝트에 방해가 되고 있
음이 밝혀졌다. 거대 거북은 나무들이 빼곡히 자라 있으면 이동을 하지 못하는데,
거대 거북이 이동하는 데 필요한 주요한 길목들을 무성하게 자란 나무들이 막고 있
어서 에스파뇰라섬의 중심부로 돌려보내진 거대 거북들이 섬의 중심부를 전혀 벗
어나지 못하고 있다 Gibbs et al., 2014. 즉, 완전한 에스파뇰라섬의 생태계 복원을 위해
서는 식물 생태계 또한 거대 거북이 멸종 위기에 처하기 전으로 복원시켜주어 거대
거북이 돌아다닐 수 있는 길목을 만들어주어야 한다는 것을 보여준다.

---

* 출처 : "Demographic outcomes and ecosystem implications of giant tortoise reintroduction to Española
Island, Galápagos"(image: J. P. Gibbs). DOI: 10.1371/journal.pone.0110742.g001

외로운 조지

에스파뇰라섬의 거대 거북과 달리 핀타 Pinta섬의 거대 거북은 슬픈 운명을 맞이했다. 1971년 당시 갈라파고스 국립공원과 찰스 다윈 연구소는 단 한 마리만 남은 핀타섬 거대 거북을 발견하였다. 연구그룹은 이 멸종 직전의 핀타섬 마지막 거대 거북을 외로운 조지 Lonesome George라고 불렀다. 조지가 발견된 이후 과학자들은 같은 종의 암컷을 찾으려고 부단히 노력하였지만 실패하였다. 이후 조지는 찰스 다윈 연구소로 옮겨지고 연구자들은 비슷한 종과의 교배를 통해 멸종을 막고자 했다. 조지와 유전자가 가장 유사한 관계를 갖는 암컷 이사벨라 울프 화산섬과 교배하여 후손을 남기려 하였지만, 조지는 교배에 무관심하여 끝내 자손을 남기지 않고 2012년에 죽음을 맞았다. 조지의 죽음과 동시에 핀타섬의 거대 거북이 멸종되었다. 연구소는 조지를 기리기 위해 조지의 유해를 보존하여 방문객이 살펴볼 수 있도록 기회를 마련하였다. 유해의 보존을 위해 전시실은 저온을 유지하고 빛을 차단하고 있었다. 관광객은 카메라의 플래시도 금지되었다. 빛이 조지의 등껍질에 영향을 준다는 이유다. 조지의 등껍질을 자세히 살펴보면 이사벨라섬의 거대 거북과 달리, 등껍질이 말안장

찰스 다윈 연구소에서 촬영했던 외로운 조지가 생존할 때의 모습. 말안장형 등껍질(saddle shaped)을 가진 외로운 조지가 높은 곳에 있는 선인장을 먹고 있다.

모양이었다. 선인장 외에 먹이가 부족한 환경에서 살았기 때문에 돔 모양의 거대 거북보다 더 가볍고 긴 목을 가지고 있다. 안타깝게도, 박제된 외로운 조지의 보존을 위해 앞으로 더 이상 공개 전시가 되지 않을 것이라는 소식을 들을 수 있었다. 우리는 조지를 볼 수 있는 행운이 있었다고 생각했고 더불어 종 보존의 중요성에 대한 책임감을 느꼈다. 조지는 갈라파고스 제도의 '희망'을 상징한다고 가이드는 말했다. 이미 멸종된 종을 대표하는 거북을 희망이라고 부르는 것은 처음에는 역설적으로 느껴졌지만, 갈라파고스 국립공원이 거대 거북의 멸종을 막기 위해 노력하는 모습들을 외로운 조지가 상징하는 것이라는 생각이 들었다.

희망적인 최근 소식 하나를 소개한다. 핀타섬의 거대 거북으로써 유일하게 남아 있던 외로운 조지가 다른 종의 갈라파고스 거대 거북 암컷들과 자식을 낳지 않고 2012년에 사망하면서 핀타섬 거대 거북 *Chelonoidis abingdonii*은 멸종된 것으로 여겨졌다. 하지만 핀타섬 거대 거북의 유전자가 섞인 혼혈 거북들이 이사벨라섬의 북쪽에서 50마리가 넘게 발견됐다. 더 이상의 혼혈을 막기 위해 연구자는 재빨리 이 거북이를 찰스 다윈 연구소로 옮겼다. 이 거북이들은 고래잡이배들이 핀타섬의 거북이들을 잡아 이사벨라섬에 풀어주었기 때문에 만들어졌을 것이라 추측된다. 발견된 거북이들의 높은 혼혈률은 아직도 핀타섬의 거대 거북이들이 살아 있다는 증거로 생각되며, 현재 이 순수한 핀타섬의 거대 거북이들을 찾을 거란 희망을 품고 과학자들과 레인저 ranger들은 이사벨라섬의 탐색을 계속하고 있다.

레인저

조지를 만나고 나오는 길에 돈 파우스토 Don Fausto로 알려진 레인저의 사진을 보았다. 'Don Fausto' 라는 별칭으로 알려진 Fausto Llerena Sanchez는 에콰도르 공원에서 가장 오랫동안 활동한 레인저라고 한다. 그는 43년 동안 종 보존 프로젝트에 전념하였고, 2014년에 은퇴한 전설적인 레인저이다. 그의 헌신이 없었더라면 갈라파고스의 거대 거북 중 두 종이 멸종되었을 것이라는 견해도 있다. 그의 부단한 헌신을 기리는 시상식에서 그는 "갈라파고스의 보존에 많이 헌신한 동료들과 헤어지기는 어렵지만, 우리는 서로 함께 일하면서 기쁨이었고 40년 동안 함께 일하게 되어 영광"이라고 전하기도 하였다. 그의 업적을 기리기 위해 2015년에 그리스의 크레타 주립대학교와 미국의 예일대학에서 협동 연구로 발견한 산타크루즈섬의 새로운 종의 이름 *Chelonoidis donfaustoi*은 그의 헌신을 기리기 위해 그의 별명을 사용해 지었다. 끊임없이 멸종의 위협으로부터 생명체를 지켜내려는 이들의 열정처럼 우리도 종 보존과 생태계 보호에 대해 경각심을 가져야 할 때가 다가오지 않았나 생각이 든다.

갈라파고스의 지역주민들은 갈라파고스에서 진행되는 세계적인 수준의 생물 보전운동, 세계 대학에서 진행하는 과학연구들 그리고 생태관광과 지속할 수 있는 관광산업에 많은 도움을 주고 관여하고 있다. 실제로 갈라파고스의 동물들을 연구한 논문들의 감사 말을 보면 거의 항상 실험에 도움을 주신 봉사

갈라파고스 국립공원에서 43년간(1971-2014) 갈라파고스 거대 거북의 보존운동에 큰 도움을 준 갈라파고스 출신의 레인저, 돈 파우스토(Don Fausto)*

활동자들과 이동, 물자수송 등에 도움을 주신 갈라파고스 국립공원에 큰 감사를 전한다는 말이 포함된 것을 보면, 지역주민들의 갈라파고스의 생물 보전사업이 세계의 과학자들과 지역주민들의 봉사활동 그리고 국립공원의 도움으로 진행됨을 알 수 있다. 우리가 갈라파고스 현장학습으로 크게 깨달은 점이 있다면, 그것은 이러한 협업이 갈라파고스의 생물 보전사업을 성공으로 이끌고 있다는 것이었다.

복원사업 사례

찰스 다윈 연구소는 1965년에 시작한 거대 거북 보존 프로젝트로 명성이 있지만, 거대 거북 외에도 여러 갈라파고스 생물을 보존한다. 찰스 다윈 연구소는 1976년에 육지이구아나의 종 보존 프로젝트를 시작했으며, 최근에는 맹그로브 핀치새

* 출처 : https://galápagosconservation.org.uk/new-species-of-galápagos-tortoise-announced/

Mangrove Finch 보존 프로젝트를 개시했다. 현재 맹그로브 핀치새는 다윈의 14종의 핀치새들 중 제일 수가 적으며, 이사벨라섬에 약 100마리가 남아 있다. 맹그로브 핀치새는 외래종 기생성 파리 *Philornis downsi*의 공격과 외래종 검은 쥐의 공격으로 심각한 멸종 위기 상태에 처해 있다. 2014년에 15마리의 핀치새가 성공적으로 부화하고 자연으로 방생됐다. 맹그로브 핀치새는 멸종 위기 동물로 지정된 만큼 연구소의 종 보존 프로젝트의 역할은 크다.

생태계 보호

외래종의 유입

캘리포니아 감귤깍지벌레

외래종인 캘리포니아 감귤깍지벌레 Cottony cushion bug는 일반적인 농작물뿐만이 아니라 갈라파고스의 고유종 식물들을 죽인다. 이 외래종의 개체 수를 조절하기 위해 외래종인 무당벌레를 갈라파고스 제도에 도입했다. 갈라파고스 제도에 위협적인 외래종을 줄이기 위해 또 다른 외래종을 도입하여 위협적인 외래종의 개체 수를 조절한 첫 번째 생물학적 조절 biological control의 사례라고 한다.

불개미

갈라파고스 현장학습에 동행했던 한 일원이 거대 거북 보존을 위한 봉사활동을 하던 도중, 불개미 Fire ant 집에 빠졌다. 청소를 하던 중, 갑자기 땅이 꺼지면서 무릎까지 땅속으로 들어갔다고 한다. 깜짝 놀라서 발을 뺐더니 불개미가 우글우글 거리는 것이 보였다고 한다. 다행히 긴 바지를 입고 있었지만, 나중에 야영장으로 돌아와서 살펴보니 불개미가 발목 주위를 물어서 부어 있었다.

불개미는 전 세계를 왕래하는 사람들을 따라서 세계 전역으로 퍼지고 있다. 불개미는 세계 전역으로 퍼지면서 생태계를 파괴할 뿐만 아니라, 사람들에게 직접적인 피해를 준다. 특히, 미국 남부에서 빠른 속도로 퍼지는 불개미를 막지 못해 미국은 큰 고민을 안고 있다. 미국과 마찬가지로 갈라파고스 제도도 원래 불개미가 없었지만, 근래에 불개미가 유입되어 자주 발견된다고 한다. 가이드는 이사벨라섬은 아직 많이 퍼지지 않았지만, 산타크루즈섬에서는 불개미가 많이 퍼져 있어서 발목까지 올라오는 양말을 신는 등 각별한 주의를 해야 한다고 경고했다.

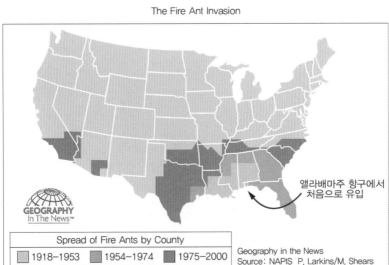

외래종인 붉은 불개미(Red imported fire ant, *Solenopsis invicta*)가 퍼진 미국의 남부. 붉은 불개미는 미국뿐만이 아니라 중국, 호주와 갈라파고스를 비롯해 많은 지역에 외래종으로 도입이 되게 되었다. 붉은 불개미가 사람이나 동물을 쏠 경우 불개미의 독에 의해 벌침에 버금가는 통증과 물집이 잡혀서 농부들과 가축들, 그리고 생태계에 큰 피해를 끼치고 있다.

매끈부리애니

뻐꾸기 목의 매끈부리애니 Smooth-billed Ani, *Crotophaga ani* 는 인간에 의해 갈라파고스 제도에 유입되어 생태계를 교란하는 대표적인 외래종이다. 원래는 1960년대에 갈라파고스 제도의 농부들이 사육하는 가축에게 피해를 주는 진드기의 수를 줄이기 위해 에콰도르 본토에서 산타크루즈섬으로 데리고 왔다. 하지만 엘니뇨로 인한 엄청난 강우량을 기록했던 1982~1983년 이후, 매끈부리애니의 개체 수가 약 800마리로 급증하여 다른 섬으로도 퍼졌다. 1990년에는 애니의 개체 수가 더 증가하여 산타크루즈섬 농장에서만 약 4,800마리가 서식한 것으로 추정됐다. 애니는 메뚜기, 애벌레 그리고 거미를 주로 먹는데, 핀치새와 같은 갈라파고스의 고유종과 먹이가 비슷하다. 이들은 지금 갈라파고스의 고유종과 먹이 경쟁을 함으로써 고유종들에게 위협적인 존재가 되었다. 이 외에도 애니는 외래종 식물의 종자와 새의 질병을 퍼트려 갈라파고스 생태계 질서를 무너뜨리고 있다. 갈라파고스 생태계를 연구하는 생물학자들은 매끈부리애니의 개체 수의 감소가 필요하다고 말한다.

이사벨라섬의 푸에르토 빌라밀 마을 바닷가에서부터 거대 거북 번식센터까지 걸어가는 도중 마주친 매끈부리애니. 나무의 제일 높은 가지 위에 올라서 주변을 살펴보고 있다.

매끈부리애니는 인간이 기존의 외래종을 막기 위해 새로운 외래종을 도입했다가 낭패를 본 사례이다. 생태계는 먹이사슬이 매우 복잡하게 얽혀 있어서 새로운 종의 도입이 가져올 결과를 함부로 예측할 수 없다. 산타크루즈섬의 갈라파고스 농부들도 애니가 갈라파고스의 고유종에 위협적인 존재가 되리라 생각지도 못했을 것이다. 위 사례로부터 갈라파고스 제도의 농부들은 새로운 외래종의 유입이 갈라파고스의 생태계에 주는 영향은 예측할 수 없음을 교훈으로 배웠을 것이다.

외래종 구아바 나무

구아바 나무 *Psidium guajava*는 원래 과일을 수확하기 위해 과수원과 정원에 심었는데 현재는 인간에 의해 도입된 외래종 중 가장 침해가 심각한 식물이 되었다. 구아바 과육 속에는 작은 씨앗들이 많은데 이를 먹는 갈라파고스 거대 거북과, 당나귀, 소, 말, 염소 같은 외래종이 토종 식물대가 있는 지역에서 볼일을 보게 되어 구아바의 씨앗이 퍼지게 되고, 구아바 나무의 서식지가 넓어지게 된다. 구아바는 습한 환경을 선호해서 사람이 사는 지역인 산크리스토발 San Cristobal, 플로레아나 Floreana, 산타크루즈 Santa Cruz 그리고 시에라네그라 화산 Sierra Negra volcano의 고지대에 퍼져 나갔다. 특히

1　구아바*

2　구아바 나무는 갈라파고스의 큰 문제거리 중 하나이다. 구아바 나무의 열매는 달기 때문에 갈라파고스 거대 거북이 먹기 좋아한다. 하지만 구아바 열매의 씨앗은 거대 거북의 배설물을 통해 섬에 널리 퍼질 수 있게된다. 몇몇 학자들은 구아바 나무의 열매가 너무 달아 갈라파고스 거대 거북의 혈당을 올려 수명을 단축시킬수도 있다는 걱정을 하고 있다(Cerreta et al., 2019).

시에라네그라 화산에서 이 식물들이 넓은 영역을 차지하고 있어 토착 식물들의 서식지를 침범한다. 1998년도에는 원래 나무가 없는 산악 지대까지 퍼져 칼데라 가장자리 근처까지 영역을 넓혔다고 한다. 시에라네그라를 올라가기 위해 입산 지점까지 차로 이동하면서 고지대의 스칼레시아 토착종이 자라는 숲을 살펴볼 수 있었는데, 그때 외래종인 구아바 나무들이 상당한 수를 차지하고 있음을 알 수 있었다.

* 출처 : 온라인 쇼핑몰 https://thevapemall.com/guava/

생태관광

국립공원 정책

1 갈라파고스 제도 위성사진. 사람이 거주하고 경작할 수 있는 지역과 보호를 위해 이를 금지한 지역을 나누었는데, 산타크루즈섬의 위성사진을 보면 경계를 뚜렷하게 구분할 수 있다. 거주 가능한 지역은 사람들이 개발해서 도시화되었지만, 보호지역은 녹지로 보존되고 있다.*

2 시에라네그라 화산에서 본 갈라파고스 국립공원의 시작을 나타내는 팻말. 갈라파고스 제도 곳곳에서 살펴볼 수 있었다.

* 출처 : Google Earth 위성사진.

갈라파고스 국립공원에서 야생동물들에게 2m 이내로 다가가 접촉하는 것은 금지되어 있다. 이 외에도 갈라파고스에는 생물 보전을 위한 여러 법이 있는데, 예를 들어 차도를 지나고 있는 거대 거북을 자동차로 친 경우 어머어마한 벌금을 물게 된다.

에콰도르 정부는 갈라파고스 제도 전체 면적의 97%를 국립공원으로 지정했다. 국립공원에서는 사람이 거주하거나 경작할 수 없다. 또한 누구든지 갈라파고스의 생물을 애완동물로 삼지 못하고, 갈라파고스 생물의 잔해들을 소유하거나 거래할 수 없다. 갈라파고스 제도의 생물을 보호하기 위한 가장 중요한 규칙으로 방문객과 지역주민 모두 갈라파고스 동물에게 2m 이내로 접근하지 않는 것을 들 수 있다. 사람이 갈라파고스 동물에게 너무 가까이 다가가면 동물이 스트레스를 받을 수 있기 때문이다. 이 외에도 에콰도르 정부는 갈라파고스 제도의 생태계 보호를 위해 갈라파고스 제도에 어떠한 공장도 설립되는 것을 막는다. 갈라파고스의 정착민이 필요한 공산품은 에콰도르 본토에서 운송한다. 에콰도르 정부는 갈라파고스 제도에서 생기는 쓰레기를 줄이기 위해 재활용품 사용을 권장한다.

한편, 갈라파고스 제도의 생태관광 ecotourism 또는 재생산 관광 sustainable tourism 정책은 에콰도르 정부의 성공적인 환경정책으로 알려져 있다. 생태관광은 단순히 자연의 아름다움을 보고 즐기는 수동적인 관광객의 태도에서 벗어나서 관광객이 주체적으로 환경보호에 앞장서는 관광을 의미한다. 갈라파고스를 방문하는 관광객이 갈라파고스 국립공원에 입장하기 위해서는 반드시 가이드가 동반해야 한다. 가이드는 관광객이 갈라파고스 제도의 생태계를 아낄 수 있도록 독려하고, 환경을 파괴하지 않도록 감시한다. 국립공원 가이드 1명당 동반할 수 있는 사람의 수는 최

1 갈라파고스섬의 주민들이 사용하는 전기를 만드는 태양광 발전소. 2000년도가 되기 전까지 갈라파고스의 전기는 화력발전소에서 만들어졌다. 하지만 2001년 갈라파고스섬에서 500톤의 원유가 '제시카(Jessica)'라는 이름의 유조선에서 유출되고, 갈라파고스섬의 펠리칸 22마리가 기름에 젖었다. 미국 해안경비대(US Coast Guard)의 도움 등 국제적인 도움을 받아 원유 유출사고에 대처하였다. 이후 2007년에 산크리스토발섬에 풍력발전소와 태양광 발전소가 설치되어 가동이 시작되었고, 2014년에는 한국의 KOICA(Korea International Cooperation Agency)와 협력하여 산타크루즈섬에 1.5메가와트의 태양광 발전소를 설치하였다.

2 2001년 갈라파고스섬 원유 유출사고에서 기름이 퍼진 위치*

대 16명까지로 제한되어 있다. 게다가 갈라파고스 제도의 각 관광 구역에 입장 가능한 최대 인원수가 제한되어 있다. 관광객과 동반한 가이드는 국립공원에 미리 신고해야 한다. 우리도 이사벨라섬 근처의 작은 섬 라스틴토레라스섬 Las Tintoreras 에서 스노클링을 할 때도, 산타크루즈섬의 고지대에 들어갈 때도, 카약을 탈 때도 국립공원 가이드가 신고한 후에 허락을 받고 나서 들어갈 수 있었다.

섬과 섬 이동 검사

갈라파고스 제도에 있는 섬은 저마다 서로 다른 생태계를 꾸리고 있다. 얼핏 보면 같아 보이는 생물도 자세히 보면 섬마다 조금씩 다르다. 예를 들어 갈라파고스 제도의 대부분의 섬들에는 섬마다 고유한 거대 거북 종이 서식하고 있다. 비슷해 보이지만 서로 다른 생태계를 보호하기 위해 에콰도르 정부는 외부 동식물 반입을 철저히 막고 있다. 에콰도르의 퀴토 공항에서 갈라파고스 제도의 발트라섬으로 가는 비행기를 타기 전, 갈라파고스로 향하는 모든 이는 수화물의 검열을 거쳐야 한다. 최근 갈라파고스에 외부 동식물이 유입되어 생태계를 교란하는 일이 잦아져서 이

* 출처 : BBC.

를 방지하기 위해 꼼꼼한 검열을 한다. 이 검사를 통과하면 검사를 통과했다는 증표로 수화물에 초록색 태그를 달아준다.

　남아메리카 대륙에서 갈라파고스 제도로 외부 동식물이 유입되는 것만큼 갈라파고스 제도의 한 섬에 있던 동식물이 다른 섬으로 유입되는 것도 생태계에 큰 교란을 가져온다. 갈라파고스 제도에 있는 섬마다 고유한 생태계를 보전하기 위해 사람들이 섬과 섬 사이를 이동할 때 생물체를 유입하지 않는지 확인을 한다. 특히 도깨비바늘같이 옷이나 가방에 달라붙는 씨앗은 의도치 않게 옮겨지기 쉽다. 우리가 이사벨라섬에 방문했을 때도 밥알 크기의 작은 초록색 씨앗이 붙어서 떼기 위해 안간힘을 썼다. 씨앗을 떼기 위해 옷을 빨았지만, 씨앗은 떨어지지 않고 같이 빨았던 다른 옷에 펴지는 불상사가 생기기도 했다. 섬을 이동할 때 검사 과정은 복잡하지 않았지만 섬을 이동할 때마다 씨앗이 신발과 옷에 붙지 않았는지 확인해야 하는 점은 번거로운 기억으로 남아 있다. 조금 곤혹스러운 경험이었지만 갈라파고스 생태계를 보호하기 위해 철저한 검사가 앞으로도 이어져야 한다고 생각했다.

갈라파고스 제도의 부비들에게 방문객이 주는 영향

갈라파고스 제도에 방문하는 방문객, 연구원, 사진작가가 늘어나면서 새들의 둥지가 사람들에게 노출되는 시간이 점차 늘어나고 있다. 1990년대에 한 연구팀은 사람들과의 잦은 접촉이 갈라파고스 부비에게 어떤 영향을 주는지 궁금했다. 연구팀은 사람들이 둥지에 접근할 때 파란발부비, 붉은발부비 그리고 마스크부비 Masked Booby의 행동이 어떻게 변화하는지 관찰했다. 부비들의 행동은 사람과 둥지 간의 거리에 따라 다르게 나타났다. 부비는 주변에 인기척이 있을 때 몸과 머리를 더 많이 흔들며 돌아다녔다. 사람이 둥지로부터 2m 이내에 있으면 부비는 사람이 보이는 시간의 62~95% 동안 걷거나 날아다녔다. 게다가 세 종 모두 사람이 다니는 산책길을 피해서 둥지를 지었다. 이 연구 결과는 부비 둥지 주변에 사람이 있으면 부비가 미묘하게 다른 행동을 취한다는 것을 보여준다. 추후 인간이 부비에게 주는 영향을 장기간에 걸쳐 알아봐야 하지만, 지속할 수 있는 생태계 보전을 위해 사람이 생태계에 주는 영향을 조금 더 깊이 있게 고려해야 함을 시사한다. 우리는 새를 더 자세히 살펴보기 위해 떼는 한걸음이지만, 새들은 생존의 위협을 느낄 수 있다. 부비는 아마 사람들이 다가가자 위협을 느끼고 사람들을 경계하기 위해 걷거나 날아다녔을 것이다. 사람들의 단순한 호기심이 새들의 불필요한 에너지 소비로 이어질 수 있다.

갈라파고스 주민의 생활

산타크루즈섬은 갈라파고스 제도의 중심부에 있고 사람이 가장 많이 거주하는 섬이다. 1950년대에는 약 1,000명 정도가 거주하였던 산타크루즈섬은, 수산업과 관광산업의 발달로 인구수가 폭발적으로 증가해 2010년 기준 약 2만 명이 산타크루즈섬에 거주한다. 산타크루즈섬의 전체 면적 중에서 97%는 국립공원으로 지정되어 있어서 정착민들이 토지를 경작하는 것이 금지되어 있다. 오직 면적의 3%만 사람이 살 수 있다. 거주민들의 수가 증가할수록 정해진 좁은 면적에 많은 사람이 살아가야 하니 오염도 심각해져 에콰도르 정부는 이 문제가 골칫덩이라고 한다. 갈라파고스 제도의 생태계를 가장 위협하는 존재는 사람이다. 에콰도르 정부는 갈라파고스 제도에 거주하는 정착민의 수를 줄이기 위해 갈라파고스로의 이주를 제한한다. 갈라파고스 제도의 영구 거주권이 없는 이들은 보통 3개월 이상 머무를 수 없다. 에콰도르 정부는 갈라파고스 제도에서 태어난 정착민이나 정착민과 결혼한 사람들에게만 영구 거주권을 인정한다.

　산타크루즈의 중심지인 푸에르토 아요라 Puerto Ayora 는 지난 25년간 국제적인 생태보전연구와 생태관광산업의 중심지 역할을 하였다. 이곳에 국립공원 본부와 찰스 다윈 연구소가 위치한다. 학자들은 이곳에서 관광객들과 거주민들에 의해 유입된 외래종과 수많은 사람들의 거주로 인해 파괴되고 있는 산타크루즈섬의 생태계를 보호하기 위해 다양한 생태학적 및 사회학적 연구를 진행하고 있다.

　갈라파고스 제도의 물가는 본토 에콰도르의 물가와 비교했을 때, 비싼 편이다. 본토의 공항에서 점심을 먹었을 때 보통 6~7달러 정도가 필요했으나, 갈라파고스 제도에서는 본토의 두 배인 10~15달러 정도를 받는다. 갈라파고스 제도에는 공장이 없어서 모든 물건을 본토로부터 들여오기 때문에 기본적으로 물가가 비싸다고 한다. 가이드의 설명에 따르면, 갈라파고스 제도에 거주하는 지역민들은 생계를 꾸리기 위해서 열심히 일해야만 한다고 한다. 그들은 보통 관광업, 상업, 농업, 어업 등에 종사한다. 관광객을 맞이하는 가이드들은 대부분 대학 과정에 상응하는 높은 교육을 받은 이들이라고 한다. 우리의 현장학습에 동행했던 갈라파고스 제도 출신의 가이드도 미국에서 유학 생활을 하여 생태학 학사 학위를 가지고 있었다. 우리가 갈라파고스 제도의 지역민과 마주쳤을 때는 그들에게서 여유가 느껴졌다. '빨리빨리'를 입에 달고 다니는 한국인과 비교했을 때, 갈라파고스 제도의 지역민들은 느긋하고 서두르지 않았다.

지역주민들은 갈라파고스에서 진행되는 과학연구, 생물 보전산업, 생태관광 등에 큰 관심을 가지고 있고, 봉사활동 등을 통해 많은 도움을 주고 있다. 우리가 산타크루즈섬에 있는 동안 이틀간 같이 있었던 갈라파고스 국립공원 가이드 캐서린 Catherine은 갈라파고스에서 태어났다. 그녀는 초등학생 때 어머니가 처음으로 자신을 보전산업 봉사활동에 보냈을 때 싫어했다고 한다. 하지만 봉사활동을 계속하면서 갈라파고스 생물의 중요성을 깨닫게 되고 갈라파고스의 보전사업을 하고자 공부를 계속했다. 미국을 포함한 세계의 몇몇 대학교들은 갈라파고스의 섬들에서 학생들이 공부할 수 있는 프로그램을 만들었다. 샌프란시스코 대학 갈라파고스 캠퍼스를 한 예로 들 수 있다. 캐서린은 현재 환경공학 석사 졸업을 앞두고 있으며, 석사학위를 받은 뒤에는 찰스 다윈 연구소에 들어가 보전사업과 관련된 연구를 하고 싶다고 했다.

하지만 갈라파고스 지역 주민들이 모두 국립공원의 생태관광 정책과 찰스 다윈 연구소의 역할에 대해 만족해하는 것은 아니다. 에콰도르의 경제성장이 침체되어 있던 1990년대에도 갈라파고스 제도는 풍부한 어장을 활용한 수산업과 많은 수익을 창출하는 관광산업을 기반으로 빠르게 성장하고 있었다. 갈라파고스에 거주하지 않는 대다수의 에콰도르 시민들은 갈라파고스 제도에 방문해 수산업 또는 관광산업에서 일을 하려 하였다. 하지만 찰스 다윈 연구소와 갈라파고스 국립공원은 상어 어획을 금지하고 랍스터 어획량에 제한을 두고 있었다. 이는 국립공원과 수산업에 종사하는 어부들 사이의 마찰로 이어졌다. 이러한 마찰은 1995년 찰스 다원 연구소 앞에서 벌어진 시위로 대표할 수 있다. 1995년 9월 3일 부터 16일까지 약 2주간, 산타크루즈섬의 어부들을 포함한 시위대는 랍스터와 해삼의 어획량을 늘려주고 샥스핀을 위한 상어의 어획을 가능하게 해달라는 요구를 하며 찰스 다윈 연구소를 포위하였고, 발트라섬의 공항으로 가는 산타크루즈섬의 유일한 도로를 막아 찰스 다윈 연구소를 고립시켰다 Snell, 1996. 그 결과, 33명의 연구자들과 거대 거북 외로운 조지를 포함한 많은 생물보전활동에 중요한 동물들이 찰스 다윈 연구소 안에서 고립되었다. 연구소는 연구들을 진행하는 데 큰 어려움을 겪었고, 거대 거북이 먹을 음식을 조달하는 데에도 어려움을 겪었다. 에콰도르 해병대와 전문 방어인력 Ecuador Ranger이 도착하여 찰스 다윈 연구소의 시설들과 거대 거북 외로운 조지를 지켰고, 연구소에 큰 피해가 없이 시위대가 해산하게 되었다.

한편, 갈라파고스 제도의 관광산업은 2000년도를 기점으로 급격하게 성장하기 시작했다. 2000년도에는 6만 명이 갈라파고스를 관광 목적으로 방문했지만, 2018년도에는 약 30만 명이 갈라파고스 제도를 방문하였다. 이러한 변화 속에서 에콰도르 정부는 갈라파고스 바다 생태계를 보전하기 위해 어부가 다른 일을 하도록 회유하고 있다. 에콰도르 정부는 어부들이 수상택시 등 관광산업에 참여하는 것을 권하며 지원금을 주고 있다. 에콰도르 정부의 노력으로 어부들이 관광산업에 필요한 인력으로 꾸준히 전환되어 어부의 수가 눈에 띄게 줄고 있다.

갈라파고스의 어업. 잡은 참치를 들어 보여주는 어부와 산타크루즈섬의 작은 수산시장의 모습

갈라파고스 제도에서의 식사

갈라파고스섬에서 먹었던 음식은 대부분 맛있었다. 가장 기억에 남는 음식은 파파야와 참치이다. 파파야는 콜럼버스가 아메리카 대륙에 처음 도착하여 맛보았을 때, 달콤한 향과 맛에 흠뻑 빠져 '천사의 열매'라고 불렀다. 파파야는 망고와 비슷하게 생겼고 멜론과 같은 맛이 났다. 이사벨라섬의 캠포 듀로에서 아침, 점심, 저녁 모든 식사 때 파파야를 조금 과장하자면 대야 한가득 깎아주셔서 배부를 때까지 맛있게 먹었던 기억이 있다. 또 갈라파고스섬에서 먹었던 모든 식사마다 참치 스테이크 메뉴는 항상 고를 수 있었는데, 한국에서 캔과 회로만 보던 참치를 주먹보다 더 큰 스테이크로 먹는 것이 좋아서 식사 때마다 참치 스테이크만 시켜서 먹었던 기억이 있다. 산타크루즈의 푸에르토 아요라 항구 마을의 수산시장에서 가격을 물어본 결과 참치 1kg에 4달러 ^{약 4,500원}라는 엄청나게 싼 가격에 거래가 된다.

갈라파고스에서 식사 때 매번 먹은 두툼한 참치 스테이크. 주먹보다 더 큰 참치 스테이크는 매우 부드럽고 육즙이 깊은 맛을 낸다.

참고문헌

1. 진화의 무대, 갈라파고스

Booth, J., Fusi, M., Marasco, R., Mbobo, T., and Daffonchio, D. (2019). Fiddler crab bioturbation determines consistent changes in bacterial communities across contrasting environmental conditions. Scientific Reports 9. (DOI: 10.1038/s41598-019-40315-0)

Gerlach, J., Muir, C., and Richmond, M.(2006). The first substantiated case of trans-oceanic tortoise dispersal. Journal Of Natural History *40*, 2403-2408. (DOI: 10.1080/00222930601058290)

Horwell, D., and Oxford, P. (2011). Galápagos wildlife(Chalfont St. Peter: Bradt Travel Guides). (ISBN: 1841623601)

Marquez, C. (1986). The giant tortoises and the great fire on Isabela. Noticias de Galápagos, *44*, p. 8.

Romero, L., and Wikelski, M. (2010). Stress physiology as a predictor of survival in Galápagos marine iguanas. Proceedings Of The Royal Society B: Biological Sciences *277*, 3157-3162. (DOI: 10.1098/rspb.2010.0678)

Schiesari, L., Zuanon, J., Azevedo-Ramos, C., Garcia, M., Gordo, M., Messias, M., and Monteiro Vieira, E. (2003). Macrophyte rafts as dispersal vectors for fishes and amphibians in the Lower Solimões River, Central Amazon. Journal Of Tropical Ecology *19*, 333-336. (DOI: 10.1017/s0266467403003365)

Smith, C. (1990). The marine extension - the great fire. Noticias de Galápagos, *49*, pp. 30-31.

Syvitski, J., Overeem, I., Brakenridge, G., and Hannon, M. (2012). Floods, floodplains, delta plains — A satellite imaging approach. Sedimentary Geology *267-268*, 1-14. (DOI: 10.1016/j.sedgeo.2012.05.014)

2. 진화

Blake, S., Yackulic, C., Cabrera, F., Tapia, W., Gibbs, J., Kümmeth, F., and Wikelski, M. (2012). Vegetation dynamics drive segregation by body size in Galápagos tortoises migrating across altitudinal gradients. Journal Of Animal Ecology *82*, 310-321. (DOI : 10.1111/1365-2656.12020)

Boersma, D. (1975). Adaptation of Galápagos Penguins for Life in Two Different Environments. The Biology Of Penguins 101-114. (DOI: 10.1007/978-1-349-02270-0_6)

Buri, P. (1956). Gene Frequency in Small Populations of Mutant Drosophila. Evolution *10*, 367-402.

(DOI: 10.1111/j.1558-5646.1956.tb02864.x)

Díez-Villaseñor, C., Almendros, C., García-Martínez, J., and Mojica, F. (2010). Diversity of CRISPR loci in Escherichia coli. Microbiology *156*, 1351-1361. (DOI 10.1099/mic.0.036046-0)

Drouin, G., Godin, J., and Page, B. (2011). The Genetics of Vitamin C Loss in Vertebrates. Current Genomics 12, 371-378.

Eibl-Eibesfeldt, I. (1966). The fighting behaviour of marine iguanas. Philosophical Transactions Of The Royal Society Of London. Series B, Biological Sciences *251*, 475-476. (DOI: 10.1098/rstb.1966.0037)

Fantes, P., and Creanor, J. (1984). Canavanine Resistance and the Mechanism of Arginine Uptake in the Fission Yeast Schizosaccharomyces pombe. Microbiology *130*, 3265-3273. (DOI: 10.1099/00221287-130-12-3265)

Holmes, C., Ghafari, M., Abbas, A., Saravanan, V., and Nemenman, I. (2017). Luria–Delbrück, revisited: the classic experiment does not rule out Lamarckian evolution. Physical Biology *14*, 055004. (DOI: 10.1088/1478-3975/aa8230)

Koonin, E., and Wolf, Y. (2009). Is evolution Darwinian or/and Lamarckian?. Biology Direct *4*, 42. (DOI: 10.1186/1745-6150-4-42)

Koonin, E., and Wolf, Y. (2016). Just how Lamarckian is CRISPR-Cas immunity: the continuum of evolvability mechanisms. Biology Direct 11. (DOI: 10.1186/s13062-016-0111-z)

Luria, S. and Delbrück, M. (1943). Mutations of Bacteria from Virus Sensitivity to Virus Resistance. Genetics *28*, 491-511 (PMCID: PMC1209226)

MacLeod, A., Rodríguez, A., Vences, M., Orozco-terWengel, P., García, C., Trillmich, F., Gentile, G., Caccone, A., Quezada, G., and Steinfartz, S. (2015). Hybridization masks speciation in the evolutionary history of the Galápagos marine iguana. Proceedings Of The Royal Society B: Biological Sciences *282*, 20150425. (DOI: 10.1098/rspb.2015.0425)

Poulakakis, N., Edwards, D., Chiari, Y., Garrick, R., Russello, M., Benavides, E., Watkins-Colwell, G., Glaberman, S., Tapia, W., and Gibbs, J. et al. (2015). Description of a New Galápagos Giant Tortoise Species (Chelonoidis; Testudines: Testudinidae) from Cerro Fatal on Santa Cruz Island. PLOS ONE *10*, e0138779. (DOI: 10.1371/journal.pone.0138779)

Prum, R. (2017). The evolution of beauty (New York: Doubleday).

Schlegel, S., Genevaux, P., and de Gier, J. (2016). Isolating Escherichia coli strains for recombinant protein production. Cellular And Molecular Life Sciences *74*, 891-908. (DOI: 10.1007/s00018-016-2371-2)

Schmidt-Nielsen, B., Schmidt-Nielsen, K., Houpt, T., and Jarnum, S. (1956). Water Balance of the

Camel. American Journal Of Physiology-Legacy Content *185*, 185-194. (DOI: 10.1152/ajplegacy.1956.185.1.185)

Sims, G., and Kim, S. (2011). Whole-genome phylogeny of Escherichia coli/Shigella group by feature frequency profiles (FFPs). Proceedings Of The National Academy Of Sciences 108, 8329-8334. (DOI: 10.1073/pnas.1105168108)

Touchon, M., and Rocha, E. (2010). The Small, Slow and Specialized CRISPR and Anti-CRISPR of Escherichia and Salmonella. Plos ONE *5*, e11126. (DOI: 10.1371/journal.pone.0011126)

Touchon, M., Charpentier, S., Clermont, O., Rocha, E., Denamur, E., and Branger, C. (2011). CRISPR Distribution within the Escherichia coli Species Is Not Suggestive of Immunity-Associated Diversifying Selection. Journal Of Bacteriology *193*, 2460-2467. (DOI: 10.1128 JB.01307-10)

Velando, A., Beamonte-Barrientos, R., and Torres, R. (2006). Pigment-based skin colour in the blue-footed booby: an honest signal of current condition used by females to adjust reproductive investment. Oecologia 149, 535-542.

Wolf, J., Harrod, C., Brunner, S., Salazar, S., Trillmich, F., and Tautz, D. (2008). Tracing early stages of species differentiation: Ecological, morphological and genetic divergence of Galápagos sea lion populations. BMC Evolutionary Biology *8*, 150. (DOI: 10.1186/1471-2148-8-150)

3. 생태보전

Cayot, Linda J. and Lewis, Ed (1994). Recent increase in killing of giant tortoises on Isabela Island. Noticias de Galápagos, 54, 2-7.

Cerreta, A., Vaden, S., Lewbart, G., Muñoz-Pérez, J., and Páez-Rosas, D. (2019). Increased BUN and glucose in a group of San Cristóbal Galápagos tortoises (Chelonoidis chathamensis). Veterinary Record Case Reports *7*, e000699. (DOI: 10.1136/vetreccr-2018-000699)

Gibbs, J., Hunter, E., Shoemaker, K., Tapia, W., and Cayot, L. (2014). Demographic Outcomes and Ecosystem Implications of Giant Tortoise Reintroduction to Española Island, Galápagos. Plos ONE *9*, e110742. (DOI: 10.1371/journal.pone.0110742)

Guo, J. (2006). INVASIVE SPECIES: The Galápagos Islands Kiss Their Goat Problem Goodbye. Science 313, 1567-1567.

Peters, K., Evans, C., Aguirre, J., and Kleindorfer, S. (2019). Genetic admixture predicts parasite intensity: evidence for increased hybrid performance in Darwin's tree finches. Royal Society Open Science 6.

Rivera-Parra, J., Levenstein, K., Bednarz, J., Vargas, F., Carrion, V., and Parker, P. (2012). Implications of goat eradication on the survivorship of the Galápagos hawk. The Journal Of Wildlife Management 76, 1197-1204.

Snell, H. M. (1996). Conservation gets personal. Noticias de Galápagos, 56, 13-17.

찾아보기

갤러리 Gallery

이사벨라섬 근처의 라스틴토라스섬에서

갈라파고스 거대 거북

라스틴토라스섬에서 발견한 바다이구아나

이사벨라섬의 모래사장에서 발견한 바다이구아나

시에라네그라산의 칼데라를 바라보며

시에라네그라산의 유황 분기공

먹이를 먹다 잠시 휴식을 취하고 있는 플라밍고

라스틴토라스섬의 고요한 해변에서 낮잠을 자고 있는 새끼 바다사자

라스틴토라스섬의 해변가에서 마주보고 누워서 잠을 자고 있는 새끼 바다사자와 부모 바다사자

밝은 노란색의 선인장의 꽃

찰스 다윈과 고래의 뼈(찰스 다윈 연구소 박물관)

쌍둥이 함몰화구(Los Gemelos pit crater)의 전경

저자 소개

안현수

광주과학기술원 지스트대학
생명과학전공 졸업
ahnhyunsu7@gmail.com

2018년 1월 7일부터 22일까지 지스트-칼텍 협력 진화생물학 및 필드트립 강의를 수강하였다. 강의를 듣고 난 이후 파이썬 프로그래밍에 흥미를 느끼게 되어 생물정보학(bioinformatics) 분야를 공부하기 시작했다. 앞으로 생물학의 지식과 프로그래밍에 대한 지식 모두를 골고루 갖춘 과학자로 성장하고 싶다.

정지훈

광주과학기술원 지스트대학
생명과학전공 재학 중
jeung4705@gmail.com

막 과학의 길로 걷기 시작하여 꿈이 왕성한 지스트 대학생이다. 진화생물학과 처음 만난 때는 2018년 1월에 개설된 '진화생물학과 필드트립' 수업이다. 그동안 수박 겉핥기식으로 진화를 공부했던 자신을 성찰하고, 수업과 필드트립에서 느낀 바를 다른 이에게도 알리기로 다짐했다. 2018년 3월에 'YTN사이언스'에 안현수 학생과 함께 생방송으로 출연하여 갈라파고스를 알렸고, 그 이후 자세한 이야기를 책에 남기기로 했다.

김주희

광주과학기술원 지스트대학
생명과학전공 졸업
juheekim1101@gmail.com

지스트 - 칼텍 협력 수업인 세포물리생물학과 진화생물학 및 필드트립을 수강하였다. 수강한 이후 수학 및 컴퓨터 프로그래밍을 이용해 생명현상을 탐구하는 것에 흥미를 갖기 시작했다. 특히, 수학적 모델링으로 생명 내 네트워크를 구축하는 연구에 관심이 있다.

지스트에서 뛰어난 교육과 많은 혜택을 받으면서 진보하는 과학기술 및 그 중요성을 대중의 이해를 돕도록 쉽게 설명하는 것에 대한 필요성을 느끼고 있다. 이 책도 조금이나마 그 목적을 수행하길 바라본다.

Steve K. Cho, Ph.D.

광주과학기술원 생명과학부
조교수

scho@gist.ac.kr

Professor Steve K. Cho is a cancer biologist whose research focus is on tumor metabolism and therapeutic oncology research. He received his bachelor's degree in biochemistry from UCLA and his Ph.D. in cell signaling from UT Southwestern Medical Center. He joined GIST College in 2010 where he helped to create and develop the undergraduate biological science curriculum. Since 2016, Professor Cho moved to the School of Life Sciences at GIST where he continues to inspire young minds through research and education.

Ellis I. Lee, J.D.

광주과학기술원
국제협력 법률 고문

ellis@gist.ac.kr

Ellis Lee received his bachelor's degree in political science from the University of Georgia and his juris doctorate (J.D.) from Mercer University School of Law. He has been teaching various courses at GIST College since 2012, including research ethics, journalism, and debate. He created GIST Panorama (https://panorama.gist.ac.kr) as a platform for students enrolled in his courses to improve their communicative and critical-thinking skills by sharing their science-related knowledge, thoughts, and ideas while helping to create a better world for the rest of us.

갈라파고스에서 들려주는
진화생물학 이야기

초 판 발 행 2020년 2월 14일
초 판 2 쇄 2020년 10월 15일

저   자 안현수, 정지훈, 김주희
발 행 인 김기선
발 행 처 GIST PRESS

등 록 번 호 제2013-000021호
주   소 광주광역시 북구 첨단과기로 123(오룡동), 중앙도서관 405호
대 표 전 화 062-715-2960
팩 스 번 호 062-715-2969
홈 페 이 지 https://press.gist.ac.kr/
인쇄 및 보급처 도서출판 씨아이알(Tel. 02-2275-8603)

I S B N 979-11-964243-6-7 (93470)
정   가 19,000원

이 도서의 국립중앙도서관 출판시도서목록(CIP)은 서지정보유통지원시스템 홈페이지(http://seoji.nl.go.kr)와
국가자료공동목록시스템(http://www.nl.go.kr/kolisnet)에서 이용하실 수 있습니다.
(CIP제어번호: CIP2020005296)